バズる書き方

書く力が、人もお金も引き寄せる

成毛 眞

SB新書
531

はじめに

「1億総書き手時代」の新しい文章術

インターネットの普及はいうまでもなく、いまはSNSで誰もが手軽に発信できる。発信にかかるコストはほぼゼロ。1億総中流時代は格差社会の出現によって消え去ったが、それに引き換えるようにして「1億総書き手」時代が訪れたといっていいだろう。

だが勘違いしてはいけないポイントが2つある。

1つは、**SNSといっても短文を投稿するツイッターやインスタグラムなどでは「書き手」とは呼べない**ということだ。

もちろん、こうしたSNSも選択肢としてはあっていい。しかし、何かしらの文章を発信し、広く人々に読まれることで影響力を発揮する――いわゆる「バズる発信」ができるようになるには、ある程度まとまった文章を書けるようになっておくべきだ。

そしてもう1つ、勘違いしてはいけないのは**「何でもかんでも発信すればいい」わけではない**ということだ。

SNSは特殊な言論空間である。次から次へと誰かの発信が流れてきては去っていく。受け手からすれば、あなたの発信もあまた流れてくるうちの1つにすぎない。

そのなかで、読んだ人から「いいね！」や「もっと見る」、あるいはシェアした記事のリンクをクリックされるなど、何かしらのリアクションを起こしてもらえなければ、あなたの発信は受け手のタイムラインに表示すらされなくなる。

つまり「あなたは存在しないも同然」になるのだ。

反応されないものは表示されない。アルゴリズムは残酷なのである。

当然だが文章力はすべての基本だ。しかし、それと同時にテーマの選び方や画面上での文面の見え方、さらには「w」の使い方一つに至るまで、SNSにはSNS特有のコツがある。

本書では「読ませる文章」の基本とともに、SNSでバズらせる方法論についても話していく。

読者の中には、文章を書くことに苦手意識がある人もいるかもしれない。それでもSNSというツールを使って、どうにか自分の発信力を高めることはできないものかと思っているのなら、何も心配はいらない。

プロの小説家やエッセイスト は別だが、ロジック重視の学者や新聞記者、ライター、編集者などよりは、**職業的に文章とは無縁の世界にいるアマチュアのほうがSNS上で大化けする可能性が高い**のである。

誰でも1万分の1の書き手になれる

世の中には、とくに何の訓練もしていないアマチュアであっても、天才的に文章がうまい人がいる。

私が主宰する書評サイト「HONZ」の執筆者に、まとまった文章を書く習慣はおろか、本すらほとんど読んだこともなかったという高卒の元暴走族がいるのだが、彼などもまさに天賦の才として文章を書く能力を授かった一人だろう。

たしか、あるとき珍しくツイッターを開いたら、彼からのリプライが入っていたと記憶している。短い文章だったが、あまりにもうまいのですぐに「HONZ」に参加しないかと声をかけた。うまい人はほんの一文にすら、隠しきれない才能がにじみ出るものなのだ。

その実力は私のみならず出版社の編集者たちをも仰天させた。いまや彼は主要経済誌にも連載を持っている人気コラムニストだ。

そう聞くとみなさんは意気を削がれたように感じるかもしれないが、何事もやってみなくてはわからない。

彼のように天才的に文章がうまい人は、私の所感では1万人に1人だ。しかし、**あなたもいざ書いてみたら彼のような1万人に1人の逸材だったとわかるかもしれない**。それに、書く技術は老若男女問わず上達できる。あなたも決して例外ではない。

文章力を磨く門戸は誰に対しても開かれている。というのも、文章のうまい下手には学歴も、性別も、読書習慣の有無も、さらには経済力もまったく関係ないからだ。

東大卒の秀才でも絶望的に文章が下手な人もいれば、先ほど例に挙げた元暴走族のように、ほとんど本なんか読んだことがなくても天才的に文章がうまい人もいる。

日本の名だたる作家を見ても、文才に学歴が必須ではないことがわかる。明治の文豪である夏目漱石や森鷗外はいまでいう東大の出身だが、『ゲルマニウムの夜』で芥川賞を受賞した花村萬月は中卒、『鬼平犯科帳』などで知られる大衆小説の大家・池波正太郎は小卒だ。

SNSでエッセイ的な文章を発信する際に、高校で習うような古文の知識など必要ない。小学校〜中学校、つまり**義務教育で習うくらいの国語さえ身につけていれば、誰もが自分の感性で魅力的な文章を書く可能性を秘めている**のだ。

性別が関係ないのも当然である。仮に女性的な感性、男性的な感性というものがあるとしても、その違いは文章のうまい下手には一切影響しない。重要なのは自分の感性でもって何をどう表現するかであり、その大部分はテクニックで補える。

おまけにいまは、ほぼコストゼロで自分の文章を発信できる。PCがあったほうが執筆に便利ではあるが、SNSで発信する文章ならばスマホでも書ける。つまり文章を書くための初期投資が必要ない。文章力を磨くことには経済力も関係ないというわけだ。

気軽なアウトプットにこそ本気が試される

SNSは気軽な発信の場だが、少しでもバズらせたいのなら真剣に書くことだ。文章を書くという行為は自分の感情や思考の発露である。つまり文章を真剣に書くというのは自分の感情や思考を真剣に伝えるということだ。読む側からすれば、書いた人の感情や思考がありありと伝わってくる。そんな文章こそがバズるエネルギーを帯びる。

では真剣に書くとはどういうことか。これには2つ要件がある。

1つは、**ある程度長い文章を書くこと**。**もう1つは、いったん書き上げたものを読み直しては手を加える、つまり「推敲《すいこう》」を重ねること**だ。

まず1つめだが、とりあえず400字なりの文章を書く練習を積み重ねるといいだろう。

いくら10メートルを速く走れるとしても、100メートル走で記録を出せるわけではない。100メートル走で記録を出したいのなら、ひたすら100メートルを走り続けるしかない。

文章も似たようなものだ。何かを伝え、読んだ人に影響を及ぼすには、それなりにボリュームのある文章を書く必要がある。細切れの短い文章を書き続けていてもその能力は身につかないのだ。


そして2つめ。**いったん文章を書き上げたら、今度はその文章に手を加えていく。**

誤字脱字や助詞の誤りといった明らかな間違いを正すことはもちろん、誤解を生みやすい表現を書き換えたり、具体例や背景など詳細を書き加えたりして、自分の真意が誤解なく読み手に伝わるようにしていくのである。これを推敲という。

最低でも400字なりの文章を、第一稿で満足のいく出来にするのはプロでも難しい。推敲こそ書き手の真剣味が問われるところだ。**この仕上げの作業をしっかりと行うか否かで、バズる文章になるかどうかは9割決まる**といっていい。


あるとき、本書の担当編集者から次のように言われた。

「成毛さんのフェイスブック投稿を見ていると、一度アップしたあとに10回も20回も手直しされていてびっくりしました。手を加える前と後を見比べるとたしかにブラッシュアップされていると感じます。ご自身の投稿を推敲するビフォーアフターを書き方の実例として見せて解説いただく、文章読本を書いていていただけませんか？」

この提案に答えるかたちで書いたのが本書だ。

本書中の例文はすべて実例であり、私の投稿に関しては、私自身のフェイスブックページで編集履歴から見ることができる。

本書をきっかけに、あなた自身の投稿をより魅力的にする勘所とコツを身につけていただけたら幸いである。

2020年12月吉日

成毛 眞

『バズる書き方』
もくじ

第1章 バズる文章は内容ではなく見た目が9割

第4章 「1行」で読ませる書き方

第5章 どんな相手にも共感される書き方

第6章

人を動かし、買わせる書き方

第1章

バズる文章は内容ではなく見た目が9割

好きな歌詞やセリフが1つあればいい

現時点で実際に「書ける」かどうかは別として、書ける人になる素質があるかどうか。はっきりいうが、言葉というものにそもそも関心がない人にはまず無理だろう。裏を返せば、**言葉に関心のある人なら誰でも書けるようになれる**。

たとえば、もしいままでに1回でも他人が書いた言葉に感動を覚えたことがあるのなら、書く素質があるといっていい。

言葉に感動を覚えるといってもさまざまだ。

ある表現が魅力的だと思った、言葉の並び方に驚かされた、いままで知らなかった言葉に興味を持った、語感やリズムが心地よかった……。どんなかたちであれハッとしたことがあるのなら、それは言葉に関心があるということである。

関心があるからセンサーが敏感に働いて、感動することができるのだ。

ファッションでも、まず自分にセンスがなくては人のセンスをほめられない。ファッションの感受性が豊かでなければ、人のセンスをとらえることができないからだ。

文章もそれとまったく同じだ。**人の文章に感動したことのある人は、そこに感動を覚えられるだけの豊かな感受性がある**ということなのである。

たとえば国語の教科書に載っていた一編の詩や、文学作品の1行。歌詞。あるいは書き言葉でなくとも、テレビドラマや映画の登場人物のセリフ。

私たちはつねに言葉に囲まれて暮らしている。何か「そういえばこの言葉は印象に残っているな」と思い出されるものはないだろうか。

私にもいまだに忘れられない言葉がある。

その1つが、高校の古文の教科書に出てきた「捨ててんげり」だ。

平家の栄華と没落を描いた『平家物語』の一節、「木曽最期」に**「首捻ぢ切って捨ててんげり」**とある。「てんげり」とは院政期以降の軍記物や説話でよく使われる表現で、このくだりは「首をねじ切って捨ててしまったのだった」という意味だ。

という文法的な話は、古文の授業を受けて理解したことにすぎない。この一文を教科書で初めて目にしたとき、ともかく意味もわからぬまま「へえ、古文にはこんな言葉があるのか。どういう意味だ？」と面白く思ったのだ。

とある私の知人などは、宮沢賢治『風の又三郎』の冒頭**「どっどど　どどうど　どどうど　どどう」**のリズムが幼心に好きだったという。ただし印象に残っているのはこの一節だけで、『風の又三郎』の物語自体はほとんど覚えていないそうである。

こういうちょっとした記憶でいいのだ。

たった1つの言葉にでも「ハッ」としたことがあるかどうか。文章センスの有無は、まずここで問われるという話である。

POINT

・「書く習慣」の有無は書き手としての才能と関係ない。
・「言葉」そのものに関心を持っている人は、書くセンスがある。
・詩、文学、歌詞、セリフなどで好きな言葉があれば、書く才能がある。

「スマホ仕様の見栄え」が要

文章の良しあしを分けるのは、もちろん「何をどう表現するか」である。

しかしそれ以前に、**文面を見て「うわ、読みたくないな」と思われてしまったら、何をどれだけうまく表現していても無用の長物**となる。文章の「見た目」はバズる文章の第一関門なのだ。見た目が魅力的でない文章は読む気にならない。決して侮ってはいけないのだ。

そこで最初のノウハウとして、文章の見た目の整え方について述べていく。

本章の目的は、せっかくいいことを書いているのに「見た目が微妙なせいで読まれない」という残念な事態を避けることだ。これからSNSで発信していくうえで必要最低限の心得と考えてほしい。

SNSの最大の特徴は、スマホで読まれる確率が高いことだ。ということは、**広く読**

まれる文章の第一条件として「スマホで読みやすい見た目」でなくてはいけない。

たとえば漢字が多すぎる、改行や1行空きなどの余白が少なすぎる、逆に空白が多すぎて延々とスクロールしなくてはいけないなどの文章は、いくら内容がよくても、スマホで読むとなるとうんざりしてしまう。

みなさんもスマホでSNSを見ていて、「これは読みにくいな」と思ったことはないだろうか。同じ視点で自分の投稿を見てみるといい。

それなりの文字数の文章を書くとなると、PCのほうが便利だ。

しかし、**たとえPCで書いてPCから投稿するとしても、投稿する前に必ずスマホで見栄えをチェックすることをおすすめする。**

画面の大きさが違うPCとスマホとでは、画面に表示される1行の長さも違う。だからスマホで見直してみると、PCの画面では気にならなかったこと、たとえば改行や1行空きが少なすぎて文面が真っ黒に見えるなど、見た目のあらに気づくことがあるはずだ。

文章は多分に主観的なものだが、**まず自分が読者になるというのは、書き手としての**

最低限のマナーである。

最初は勘所がわからなくても、自分の投稿を見直して手を入れるというのを繰り返していくうちに、スマホで読みやすい文面のコツがつかめるだろう。

POINT

- **「読む気」を無くさせる文章はバズらない。**
- **SNSではスマホで読みやすい見た目の文章を書くことが重要。**
- **PCで書いたとしても、投稿前にスマホ画面での見え方を確認する。**

門外不出！「ＨＯＮＺ式」文章術

ルール１　何があっても「一字下げ」するな

スマホで読みやすいかどうかは、基本的には自分の感覚で判断すればいい。

しかし、そういわれても何をどうすればいいかわからないという読者のために、「ＨＯＮＺ」でルール化している文章術を紹介しておこう。


まず１つめは、**「一字下げ」をしないこと**だ。いまでこそ世の中に定着している感もあるが、これを明確にルール化したのは「ＨＯＮＺ」が最初ではないかと思う。

小学校で初めて作文を書かされたときから、私たちは「段落の最初の１文字は空欄にすること」を習慣づけてきた。しかし、横書きで、しかもスマホで読まれることが大半であるＳＮＳで一字下げをしてもあまり意味がない。

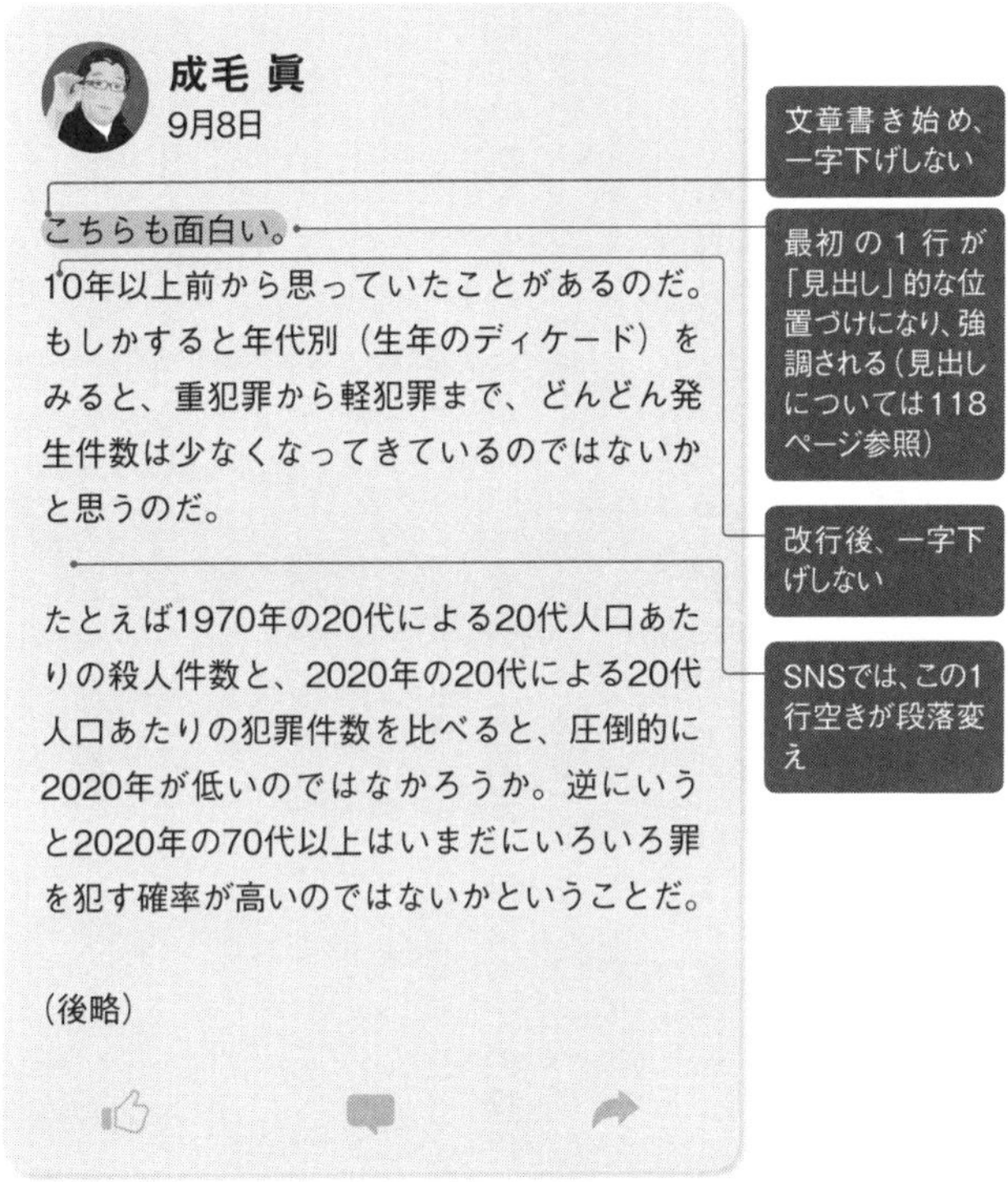
成毛 眞
9月8日
こちらも面白い。
10年以上前から思っていたことがあるのだ。もしかすると年代別（生年のディケード）をみると、重犯罪から軽犯罪まで、どんどん発生件数は少なくなってきているのではないかと思うのだ。
たとえば1970年の20代による20代人口あたりの殺人件数と、2020年の20代による20代人口あたりの犯罪件数を比べると、圧倒的に2020年が低いのではなかろうか。逆にいうと2020年の70代以上はいまだにいろいろ罪を犯す確率が高いのではないかということだ。
（後略）
文章書き始め、一字下げしない
最初の1行が「見出し」的な位置づけになり、強調される（見出しについては118ページ参照）
改行後、一字下げしない
SNSでは、この1行空きが段落変え

そもそもなぜ、段落が変わったときに一字下げるのか。

それは、読んでいる人に「ここで段落が変わりましたよ」と伝えるためだ。改行を境に話が少し展開するという目印なのである。

段落変えの一字下げがあることで、読者は、「よし、ここで話が少し展開するんだな」という心づもりを持って読み進めることができる。「ここまで読んだ文章は、こういうこと」という記憶の道しるべにもなる。

ただし、これは本のように1行40字などの縦書きのフォーマットでこそ生きる機能だ。**いかんせん1行が短いスマホの画面で、段落変えの際に一字下げても、あまり有効ではない。**スマホで読まれることを前提とすると、もっとわかりやすい目印が必要だ。

そこで**SNSでは、段落を変えるときには1行開ける。**

これはつまり、SNSにおける改行は段落変えを意味しないということだ。

縦書き1行40字といったフォーマットでは「改行＝段落変え」である。しかしSNSでの改行には、見出しの役割を果たす1行を作ること、効果的に余白を作ること、前後の文章を強調することなど、これ以外の従来の文章の作法とは別の目的があるのだ。

これらの機能と段落変えを明確に区別するために、段落変えは1行空きで表現するといってもいいだろう。

ルール2　140字に1つ行間を作れ

ひと昔前までは、空白が少ないほど「情報量が多いお得な本」とされていた。「書かれている知識や情報＝文章」を買っているという意識が強かったため、余白が多いと「何も刷られていない紙に金を払うなんてバカバカしい」と怒りすら感じたものだ。

しかし最近の傾向としては、むしろ文字の少ない本のほうが、読みやすいということで人気がある。みなさんも、びっしりと文字で埋め尽くされた本には、なかなか手が伸びないのではないか。スマホで読むSNSならばなおさらだ。

したがって**SNS上の文章では、適度に余白を入れることも重要**である。

1つ目安を示しておくと、**スマホ画面に「最低でも2ヶ所」は1行空きが入るようにする。** スクロールしないと1行空きが現れないようでは詰めすぎだ。これだとスマホ画面が文字で真っ黒になって読む気が失《う》せてしまう。

かといって1行や2行ごとに1行空きがあるのは、多すぎである。するとⅠつの投稿は必然的に長くなる。こうなると何度もスクロールしなくてはならないため、読む人を疲れさせてしまう。スカスカの文面は目には優しいかもしれないが、スクロールする親指には過酷なのである。

文字数にして、**100~140字くらいを目安に段落変えをする（1行空きを入れる）**、と心得ておくといいだろう。

段落変えは、水泳でたとえれば呼吸のタイミングである。少なすぎれば苦しくなり、多すぎればタイムが落ちる。ひと息で読み切れる文字数のところで、絶妙に段落変えが入っていると、最後まで心地よく読んでもらうことができるのだ。

成毛 眞
9月13日

最近、トシくったのかなあとつくづく思う。妙に悲観的なのだ。おそらく生まれてはじめてであろう。

46字で段落変え（改行&1行空き）

コロナ後の世界経済。主要各国の経済成長率鈍化、財政悪化、過剰流動性。良い材料は見当たらない。

46字で段落変え（改行&1行空き）

米中摩擦の継続。経済ブロック化、限定的局地戦、軍事費増大。予測不可能。

35字で段落変え（改行&1行空き）

自然災害。巨大地震、気象災害、農作物と漁獲の変化。10年単位では南海トラフ地震もカウントしなければならない。

53字で段落変え（改行&1行空き）

テクノロジーの限界。プラットフォーマー集約、核融合技術の遅れ、宇宙資源の限界。通貨と決済の予測不能な変化。

53字で段落変え（改行）

マクロ視点で攻めるべきか、ミクロ視点で守るべきか、次の20年の投資態度を決断しなければならない。この場合の投資態度とはおカネだけではない。生活のあり方そのものだ。それゆえに守るべき家族を含む年齢とも関わる。

（後略）

ルール3　特殊文字は使うな

文面の見た目で面白さを表現しようとすると、**絵文字や特殊文字を使いたくなる人もいるかもしれないが、これはあまりおすすめしない。**

自分の画面では問題なく見えていても、読んでいる人全員の環境で正しく表示されるとは限らないからだ。

人の感覚は非常にデリケートだ。よくわからないものが入り込んでいるだけで、人の読む気はいとも簡単に削がれてしまう。

これに加えて、「よくわからない文字を使う人＝変わった人」というレッテルを貼られることにもなりかねない。

なかには絵文字の類いを好まない読者もいるだろう。

「個性的」であることは有利だが、「変人」というのは避けたい風評だ。

よかれと思った遊び心が自分の知らないところで裏目に出てしまう。そんな事態とならないよう、環境に依存する表記は使わないと肝に銘じるべきである。見た目で遊ぶよりも、内容で遊べるテクニックを身につけよう。

POINT

- 段落を変えるときは「1行空き」を入れる。
- スマホ画面に最低でも2ヶ所、行間を作る。
- 誰が見ても見栄えが変わらない文章にするため、特殊文字は避ける。

「漢字の閉じ開き」が文章の第一印象を決める

より多くの人に読んでもらうには「読みやすい文章」であることは必須だ。

そのために私が意識しているのは「開く」ということである。

「開く」というのは出版業界の専門用語で、「言葉をひらがなで表記すること」を意味する。逆に「閉じる」というのは漢字で表記することを指す。

漢字、ひらがな、カタカナという3種類の文字を使い分ける日本語では、言葉の「閉じ開き」によって文面の見た目の印象をコントロールすることができる。漢字が多ければ難解で読みにくい印象、ひらがなが多ければ平易で読みやすい印象となるわけだ。

したがって**「読みやすさ」を見た目でも演出するには、漢字はできるだけ開いたほうがいい**。ただし開きすぎると、今度はひらがなだけの絵本のように読みづらくなる。「早い」と「速い」など、漢字によって意味合いが変わる言葉もある。

まず熟語（2つ以上の漢字が連なって成る言葉）は当然ながら開かない。熟語を開くと単なる変換ミスに見えてしまう。たとえば「じゅくごを開くと単なるへんかんミスに見えてしまう」というように。

問題は熟語以外の言葉だが、たとえば次のように本項中の文章で比べてみると、どうだろう。見た目の印象の違いから、何となく「読みやすさ」の落としどころがつかめるのではないだろうか。

× その為に私が意識しているのは「開く」という事である。

○ そのために私が意識しているのは「開く」ということである。

× 従って「わかりやすさ」を演出するには、漢字はなるべく開いた方がいい。但し開き過ぎると、今度は読み辛くなる。

○したがって「わかりやすさ」を演出するには、漢字はなるべく開いたほうがいい。ただし開きすぎると、今度は読みづらくなる。

×例えば次の様に、本項中の文章で比べてみるとどうだろう。見た目の印象の違いから、何となく「読み易さ」の落とし処が掴めるのではないだろうか。

○たとえば次のように、本項中の文章で比べてみるとどうだろう。見た目の印象の違いから、何となく「読みやすさ」の落としどころがつかめるのではないだろうか。

私の感覚としては、無駄に漢字を使わないほうが読みやすい。また、漢字では表記したくないが、**ひらがなが続いて読みにくくなる場合は「無駄に漢字を使わない」**という具合にカタカナを交えるのも一つの手だ。

漢字の閉じ開きに絶対の正解はない。読むほうの立場になってみて、どれくらいの加減だと読みやすいか、自分の感覚で決めていけばいい。

POINT

- 言葉の「閉じ開き」によって、文章の印象をコントロールできる。
- 漢字が続く場合はなるべく開く。
- ひらがなが続く場合は、漢字やカタカナを交えてアクセントにする。

これだけは押さえておきたい校正の基本

どんな世界にもルールがある。文章の世界も例外ではない。

文章の世界におけるルールの番人は「校正者」と呼ばれる人たちだ。

もちろん著者も編集者も文章のプロの目で原稿を読むが、著者と編集者の目は文章のルールだけでなく「ここは、言いたいことがちゃんと表現できているだろうか」「内容をもっと面白くできないだろうか」といったことにも向いている。

一方、文法的な誤りや言葉の使い間違い、誤字脱字などのチェックを仕事とする校正者は、純粋なる番人といっていい。そんな校正のプロの視点も少し知っておくと、推敲の質は格段に上がるのだ。

ここでは、ごく基本的なところで**「かな遣い」「同音異義語」**の2点を押さえておく。

「かな遣い」は、文章を書き慣れていない人が意外と陥りがちなところである。いくつか例を挙げてみよう。

×

「〜とゆう」
「そのとうり」
「気ずく」
「つまづく」
「ひざまづく」

これらはすべて誤りである。正しい表記は次のとおり。

○

「〜という」
「そのとおり」
「気づく」
「つまずく」
「ひざまずく」

こんな簡単な国語の問題を出すなんて、馬鹿にしているのかと思った人もいるかもしれないが、誤りに気づかずに使っている人も多いようなのである。

ともあれ、こうした誤ったかな遣いをすると一発アウト。「信頼の置けない書き手」という烙印《らくいん》を押されることになるから要注意だ。

もう1つの「同音異義語」にも気をつけたほうがいい。

いまや漢字変換はPCにお任せという時代だ。ただしまだPCは、前後の文章を踏まえて正しい漢字を出してくれるほどには賢くはない(かつてよりも進歩はしているが)。同じ音で違う意味の言葉は、文章を書いている自分がわかったうえで正しい漢字を選ばなくてはいけないのだ。

人の投稿を見ていてありがちなのは**「以外」**と**「意外」**の混同だ。**「いがいと簡単だった」**は**「意外と簡単だった」**、**「彼女いがいは来てくれた」**は**「彼女以外は来てくれた」**と書くのが正解である。まったく難しい漢字ではないが、つい変換ミスをして気づかない人も多いようだ。

「開放」と**「解放」**の混同も多い。たとえば「校庭が一般向けに解放された」「ようやく仕事から開放された」は両方とも間違いだ。

「開放」は開け放つこと、「解放」は解き放つことと考えれば明らかだろう。校庭は開け放たれるもの、仕事からは解き放たれるものだから「校庭が一般向けに開放された」、「ようやく仕事から解放された」が正解である。

その他、**「暑い／熱い／厚い」「要領／容量」「保証／保障／補償」「会場／開場」「対面／体面」「野生／野性」「成長／生長」**など同音異義語は挙げだしたらキリがない。

また、**「見る／観る」「聞く／聴く」**などは、どちらを使っても完全に間違いとはいえないのだが、使い分けると「よりわかっている人」という印象になる。

使い分けのポイントは、美しさや面白さなどを「味わう」という要素があるかどうかと考えておけばいい。

看板や信号は**「見る」**ものだが、映画や絵画、芝居などは味わうものだから**「観る」**。音声は**「聞く」**ものだが、音楽は味わうものだから**「聴く」**なのだ。

ともあれ、PCにひらがなを打ち込むと選択肢がいくつか出る。

文章を書いているときは、いい加減にエンターキーを押さずに「この文章にはどの漢字が正しいだろう？」と考えるクセをつける。推敲するときも、同じ発想をもって文章を読み直す。
校正は非常に奥の深い仕事なのだが、このように片鱗《へんりん》を真似てみるだけでも文章が違ってくるはずだ。

POINT

- 「校正力」は書く力の土台である。
- 書き間違いは信頼を失うもとになるので要注意。
- 「かな遣い」「同音異義語」を正しく用いる。

自分の書きグセを把握せよ

誰にでも文章のクセがある。

それが自分の文章特有の味わいにつながることもあるのだが、意味もなくクセが顔を出すのは鼻につく。**よく使う言葉、よく使う文章構成があることで、どこかワンパターンで面白みの少ない文章にもなりかねない**。

そういう意味でも、やはり推敲という作業は重要である。とかく最初に書き上げる文章には自分のクセが現れやすい。書き上げたあとに読み直し、客観的な視点から自分のクセを正すというのも推敲の一部なのだ。

たとえば44ページの投稿を見てほしい。私は自分の文章のクセを正している。

「それ以上に」→「そのために」という修正だ。

私には、「○○は△△だ」と述べたあとに、「それ以上に××なのだ」と書きたがる傾向がある。いわば「対比による強調効果」だ。

この投稿でも「文章職人としての才能がもっとも重要」と強調する意図で「それ以上に」と書いた。しかし前段落を受けて当該箇所を読んでみると、「そのために」のほうがふさわしいと思った。

前段落では「どうしたら人が読みたがる文章を書けるかというと、何回も修正を重ねる職人であること」と述べている。そして当該の段落では「文章職人としての才能の重要性」に触れている。

つまりここでは、前段落との対比で何かを強調しているのではない。この2つの段落を通じて「何回も修正を重ねる職人であるためには、文章職人としての才能が欠かせない」という話になっているのだから、「そのためには」とつないだほうが適切だ。

自分の文章のクセによって、文脈に少し歪《ゆが》みが生じてしまっていたわけである。

まさにこの投稿でも書いているように、私は文章を書くときに起承転結など逐一考えることはしない。だから、このように文脈に合わないところで文章のクセが飛び出すこともあるのだ。

修正前の文章も修正後の文章も公開しているから、「それ以上に」のバージョンを読んだ人も多いはずだ。しかし、おそらく「ここで『それ以上に』というのはおかしい」なんて思った人はいないだろうと思う。

それでも修正したのは、何より自分自身が読んで気持ち悪さを感じたからである。

推敲前

成毛 眞
10月14日

著名なプロ作家2人から最近の成毛さんのＦＢが面白いとおほめの言葉を頂載した。ありがたい。

そして有料でも読んでくれる読者がいるはずだと忠告もいただいた。有料にするつもりは毛頭ない。note とかいろいろなサービスがあるのは知っているのだが、ボクは自分の文章が有料なら絶対に読まない。そんな価値はない。

ボクがＦＢに書いていることはまさに手慰み、ある意味で暇つぶしなのだ。それでも文章は自力で校正する。ひどい場合はＦＢ投稿後に30回も書き直す。それは職人としての本能なので仕方がない。仕事ではない。習性なのだ。

というわけで、職人として「いいね！」の数を励みにしておるのだ。みなさんよろしゅうおたのもうします。

で、どうしたら人が読みたがる文章を書けるのかという議論になった。じつのところ中

▼

▼

身ではない、というのがボクの答えだ。ボクは文章を最初から起承転結などを考えて書いてはいない。なにを言いたいのかも書く前に考えていないこともある。どんどん書いて、どんどん修正して、どんどん追加して、最後に体裁を整えてアップして、そのあと最低10回校正する。それだけだ。要するに作家ではなく文章職人なのだ。

それ以上に必要なのは文章職人としての才能かもしれない。音楽とスポーツは先天的な資質が大きいことは知られているが、じつは文章も同程度に先天性があるらしいことがわかってきた。でもね、文章を1週間書かないとクソヘタになることを自覚する。音楽家もスポーツマンも練習は必要なのだから仕方がない。はぁ。

自分の文章のクセが文脈に合わない

推敲後

成毛 眞
10月14日

著名なプロ作家2人から最近の成毛さんのＦＢが面白いとおほめの言葉を頂載した。ありがたい。

そして有料でも読んでくれる読者がいるはずだと忠告もいただいた。有料にするつもりは毛頭ない。note とかいろいろなサービスがあるのは知っているのだが、ボクは自分の文章が有料なら絶対に読まない。そんな価値はない。

ボクがＦＢに書いていることはまさに手慰み、ある意味で暇つぶしなのだ。それでも文章は自力で校正する。ひどい場合はＦＢ投稿後に30回も書き直す。それは職人としての本能なので仕方がない。仕事ではない。習性なのだ。

というわけで、職人として「いいね！」の数を励みにしておるのだ。みなさんよろしゅうおたのもうします。

で、どうしたら人が読みたがる文章を書けるのかという議論になった。じつのところ中

▼

身ではない、というのがボクの答えだ。ボクは文章を最初から起承転結などを考えて書いてはいない。なにを言いたいのかも書く前に考えていないこともある。どんどん書いて、どんどん修正して、どんどん追加して、最後に体裁を整えてアップして、そのあと最低10回校正する。それだけだ。要するに作家ではなく文章職人なのだ。

文脈に合うようにクセを修正

そのために必要なのは文章職人としての才能かもしれない。音楽とスポーツは先天的な資質が大きいことは知られているが、じつは文章も同程度に先天性があるらしいことがわかってきた。でもね、文章を1週間書かないとクソヘタになることを自覚する。音楽家もスポーツマンも練習は必要なのだから仕方がない。はぁ。

推敲前

成毛 眞
6月22日

書庫を整理していたら、こんな本を見つけた。ビル・ゲイツ『The Road Ahead』1995。ビルもこの本には思い入れがあったのだろう。当時の幹部全員にメッセージ入りのサイン本を送ってくれたのだろう。
当時、ボクは Mike と呼ばれていたのだ。

重複している

重複している

じつは当時ビル・ゲイツのサインをほぼ完璧にコピーしていた。四半世紀前のこと、時効だから言うのだが、当時ビル・ゲイツと会議をして、数日後に感謝レターをもらった日本の企業幹部は無数にいたはずだ。あれ、全部オレの偽造サインだから。あはははは。

推敲後

成毛 眞
6月22日

書庫を整理していたら、こんな本を見つけた。ビル・ゲイツ『The Road Ahead』1995。ビルもこの本には思い入れがあったのだろう。当時の幹部全員にメッセージ入りのサイン本を送ってくれた~~のだろう~~。~~当時、~~ボクはマイクロソフト社内ではMikeと呼ばれていたのだ。

じつは当時ビル・ゲイツのサインをほぼ完璧にコピーしていた。四半世紀前のこと、時効だから言うのだが、当時ビル・ゲイツと会議をして、数日後に感謝レターをもらった日本の企業幹部は無数にいたはずだ。あれ、全部オレの偽造サインだから。あはははは。

重複削除

重複削除

別の言葉で「当時」を表現

同じ言葉を続けて使った場合も同様だ。48ページから紹介した例を見てみなさんも感じたと思うが、**文法的な誤りではなくても、同じ言葉が続くと気持ち悪い**。いい文章を読み慣れている良質な読者には、拙い印象を与えてしまうだろう。推敲は、それを直すチャンスでもあるのだ。同じ言葉が続いたら、片方を削るか書き換える。私自身もそうしている。

2つめの例では、「当時」が連続している。あとの「当時」を削ることにしたが、そうすると意味が通じにくくなってしまう。「当時」というのは、つまり「私がマイクロソフトにいたころ」という意味だ。だから「マイクロソフト社内では」と書き換えることで、「当時は」という意味合いを持たせたのである。

誰も気づかないであろう細部でも、自分だけは見落とさずマメに直す。そういう細かさも書き手には必要だ。しょせんはスクロールされ流れていくだけのSNS投稿といっても、やはり真剣に取り組むべきなのである。

POINT

- 無自覚に使っている「書きグセ」には要注意。
- 間違いではなくても、同じ言葉の連続は避ける。
- 誰も気づかないような細部に、書き手の誠意があらわれる。

第2章

読み手の心をつかむ書き方

完璧な文章ほどつまらないものはない

文章とは本来テクニカルなものだ。元から文章が天才的にうまい人もいるが、テクニカルなものである以上、テクニックを磨けば誰でもうまくなれる。

「うまい文章」というのは、ひと言でいえば「面白い文章」だ。面白いから多くの人の目を引き、リアクションを起こさせ、結果としてバズる。そういうことだ。

さらに重要なことに、こうした**「面白い文章」と「ロジカルな文章」とはまったくの別もの**なのだ。

物事を理路整然と説明していて、面白くない文章というのも、世の中には山ほどある。たとえば学者や新聞記者は、物事を理路整然と説明する訓練は受けている。彼らはそれが本分なのだから当たり前だ。しかし、その職業的文章力をSNSにそのまま持ち込んでもまったくバズらなかったりする。理由は言うまでもないだろう。面白くないからだ。

では、なぜ面白くないか。ひと言でいえば、SNSで読まれるという前提意識が不十分だからだ。ロジカルに説明することには神経を注いでも、読む人を意識して面白く語る意識が欠けているのである。

たとえば、記者がネット記事をシェアしている投稿がある。ところが、その投稿内容が面白くないために、記事のリンクをクリックする気になれない（それどころか、投稿自体を最後まで読む気にもなれない）。おそらく、あなた自身もこうした投稿に出くわした経験があるだろう。

記事をシェアする投稿の目的は、もちろん記事をクリックして読んでもらうことだ。そのために書く投稿内容は、読者を記事へと誘導する「魅力的なリード文」でなくてはいけない。

しかも発信の舞台は、ひっきりなしにいろんな人の投稿が流れてくるSNSだ。**見た人に一瞬で「おっ？」と思わせることができなければ、目に留めてもらえない**。となると重要なのはロジックよりも1行で人を引きつけるノウハウということになるだろう。

こういう例に限らず、ＳＮＳにロジックはいらないといっていい。

ＳＮＳ上でバズる文章とは、ロジックありきの論文や記事の類いよりも、じつは一見とりとめのない「エッセイ」に近いものなのだ。

そして誤解を恐れずに言えば、エッセイはじつは文章のアマチュアのほうが伸び代は大きい。

普段ロジカルなものを書いている人だと、ＳＮＳで発信するときにもついロジカルな頭が発動してしまう。一方あまり書き慣れていないならば、文章を書く頭がまっさらなぶん、エッセイ的な素養を後天的に身につけやすいのだ。

POINT

- **投稿の書き出しは「魅力的なリード文」にする。**
- **論理的な文章より、気軽なエッセイのほうが拡散しやすい。**
- **書き慣れていない人のほうがエッセイの素養を身につけやすい。**

書くネタを思いつく必要はない

どう書くか以前に、何を書くか。自分なりに面白く書く方法については別項に譲るとして、いったい何について書いたらいいのだろう。

それをゼロから自分で考え出せる人がいたら、本書などすぐに閉じて、執筆に勤《いそ》しんだほうがいい。そのテーマの先見性によっては、出版社から「うちでエッセイを書きませんか」と言われるだろう。

しかしそれほどの人はそうそういない。ではどうすればいいかというと、**書くテーマは「人の頭」を使って探せばいい**のだ。自分でテーマを考えつく必要はまったくないのである。

おそらく多くの人が、SNSで自分の友達以外の人をフォローしていると思う。

ユニークな人をフォローしていれば、ユニークなテーマが山ほど目に飛び込んでくる。

ユニークな人というのは、たとえば特殊分野の学者や、珍しい職業の人、一風変わった視点で発信し続けている人などだ。

仮にそういう面白い人を50人フォローしたとして、1人あたりから1週間に1つずつネタをもらったとしたら単純計算で週に50個、1年後には50個×約52週で約2600ものネタが手に入ることになる。

フォロー相手の性別や年齢などの属性をバラけさせることも重要だ。人は放っておくと、つい自分と似たような属性の人をフォローしがちだが、そこはあえて自分と違う年代、性別の人を意識的にフォローする。

このように習慣づけるだけでも、自分とはまったく違う視点から書かれたものを日々目にすることになり、視野が広がる。自然と自分が書くテーマにもバリエーションが出るだろう。

私もそこはかなり意識して、フォロー相手や友達の性別や年齢のバランスをとるようにしている。

好んでフォローしているのはサイエンス系の人なのだが、それ以外にも欧州在住の音楽家や、さらにはたまたま目にした投稿が面白かったというだけで、何をしているのかすらもよく知らない人に自分から友達申請を出したことも何度もある。

日本だけで考えても約1億3千万人もの人間が生きており、性別や年齢もさまざまなら、ちょっとした味の好みや洋服のセンス、政治的信条まで、じつに多様だ。見方を変えれば、発信する人の数だけバリエーション豊かな情報源があるということだ。**いろいろな年代、性別の人をフォローするというのはいわば、日本のミニチュア版を自分のSNS内に再現すること**ともいえる。

なお、**フォロー相手や友達の「整理」をマメに行うことも重要**だ。

投稿がつまらなくなってきた人はフォローを外す、不愉快なコメントをつけてきた人は即ブロックといった具合にだ。こうして自分のSNSをつねに自分にとって有益な情報空間として保つのである。

少しがんばって英語を読む気があるのなら、海外の人にも目を向けるといいだろう。たとえばアメリカの黒人差別問題については、やはりアメリカ人のアーティストなど、その国に住んでいて事情に明るい人をフォローするのがもっとも情報が早く指摘も鋭い。

フォロー相手や友達が偏れば、自分が発信するネタも次第に偏る。そしてネタが偏れば、当然読者も偏る。

しかし日々、多様な情報源に触れることで、「今日は20代男性向け」「明日は40代男性向け」「今日は政治ネタ」というように自分の発信が多様になれば、自分の読者も多様になる（さすがに自分とかけ離れすぎている人を対象に書くことはできないが）。

端的にいえば、フォロー相手をちょっと工夫してＳＮＳを多様な情報源とすることで、あなたのＳＮＳ上の発信は、日本語を読む約1億3千万人を相手にする発信となっていくはずなのだ。

こうして対象読者層を広げておくことが、バズることにもつながるのである。

POINT

- **書くネタは面白い人が発信しているものを拝借する。**
- **フォロー相手の属性をバラけさせることで、書き手としての視野が広がる。**
- **投稿をブラッシュアップするには、フォロワーや友達の整理整頓も重要。**

書く力を磨く「フォローテクニック」

私はさまざまな年齢や職業の人をフォローしているが、すべてが自分の賛同できる人というわけではない。じつは、**賛同できない人もあえてフォロー**している。

それは、誤解を恐れずにいえば「反面教師」とするためだ。日ごろから気をつけていても、若い人向けに昔の話を説教口調で書いたり、独りよがりの文章を書いたりして「年寄り臭い投稿」をするようになってしまう可能性はゼロとはいえない。

賛同できない人をフォローしておくと、「ああ、こういうことは書いちゃいけないよな」「こういう書き方はよくない」という悪例をしばしば目にすることになる。それが自然と自分への戒めになるのである。

賛同できない人をフォローするだけでなく、ときおり「いいね!」もする。コメントを入れることもある。これも投稿者の意見に賛同しているからそのようにしていると は、必ずしもいえない。

ＳＮＳはアルゴリズムによって表示される投稿が選択されているため、**何かしらアクションを起こさないと、その人たちの投稿が表示されなくなってしまう**のだ。

最近は「いいね！」以外に「悲しいね」「ひどいね」などもあるが、目的はアルゴリズムに記憶させることなので、わざわざ使い分けるまでもないだろう。何も考えず、もっとも当たり障りのない「いいね！」を押せばいい。

ＳＮＳは巨大な公的空間だ。そこでの言動には、リアルな場での言動よりも注意を払ったほうがいい。

世の中には、頭の中で思っているぶんにはよくても、表に出してはいけないことがある。それを無作為に発信しないように気をつけるのは当然の作法だ。

さらに厄介なのは、意見としては特段おかしくなくても、書き方によっては人に意図せざる印象を与えてしまうことだ。

たとえば、真っ当なことを言っているのに、文章が年寄り臭いばっかりに「どこぞの偏屈じじいが吠《ほ》えている」と思われる。

逆に幼い言葉遣いをしたばっかりに、稚拙な印象を与えてしまう。

いずれにしても書き手としては不本意だし、何よりせっかくの発信を無駄にするのはもったいない。

賛同しない人をフォローし、たびたび反面教師となるような投稿を目にするようにしておくことが、こうした落とし穴にはまらない予防策となる。

POINT

● 「賛同」とは別の意味合いのフォローもある。
● 真似したくない書き手を反面教師としてフォローする。
● 反面教師の投稿をタイムラインに表示させるために「いいね！」する。

「孫引き」するな

SNSで発信するのはアマチュアによる無料の文章とはいえ、文章を書いて投稿する場合は古くからある「書き手の業界の掟」は守ったほうが自分のためだ。それが「信頼に足るから、より多くの人に読まれる」という、いいバズり方の基盤となるからである。

出版界において、**もっとも書き手の信頼を損なうのは「裏が取れていない記述」**である。どこの誰が言っているとも知れない情報を安易にシェアしてはいけない。いくら自分が気合を入れて書いても、素性の知れない情報は読む価値のない「ゴミ情報」である。厳しいと思われるかもしれないが、この戒めが結果的に自分を守ることになる。

一次資料を見て自分の意見を書くのはいい。いけないのは一次資料を当たった誰かの発信を見て「誰それ（A）がこう書いていると、誰それ（B）が書いている」と書くこと。俗にいう「孫引き」である。

孫がダメなのだから、もちろんひ孫、やしゃごなども論外である。「親」である一次資料から遠くなるほどに信憑性は低くなる。

ネットを開けばさまざまな情報があふれている現代は、かつてよりも「孫引き」の罠にかかりやすい。まことしやかに語られているが本当は出所がわからない情報をついシェアしたくなってしまうのだ。

このきわめて現代的な罠にはまらないために、次の2点を心得ておこう。

第1に、**「自分の体験に基づく話」を発信する**こと。これは、自分が実際にその場にいて見聞きしたこと、あるいは、**特定分野の専門家や業界人の知り合いからじかに仕入れた確実な情報を発信する**ということだ。

「自分の体験」を元に書いた文章

(1)実体験に基づく情報

成毛 眞
8月23日

自分と娘の実際のエピソード

直前の投稿にちょっと書いたので思い出したのだが、娘が高校生のとき(中学生だったかも)ふと思いついて「あすか財団」という団体を探し出して電話したことがある。

あすか財団は留学生支援をしている団体だ。依頼したのは、アジア各国からの留学生を招いてホームパーティーをしたいということ。当方には娘がいるのでお手軽で国際的な経験をさせたいという内容だ。じつに快く引き受けてくれた。ちなみに当方の当時の職業(マイクロソフト社長)は意図的に開示しなかった。こっちだってはじめてなので怖いのだ。

当日は5人の留学生がやってきた。台湾、韓国、中国、インドネシア、タイだったと思う。一人だけ男だった。頼んでもいないのにそれぞれお国自慢の料理を一品もってきてくれた。
さらに食事後には、全員娘の部屋に入っていった。そして15分後、それぞれの民族衣装であらわれてくれたのだ。いやあ、さすがに驚いて恐縮した。当時の留学生はそんなこと

▼

▼

もあるかと民族衣装をお国から持ってきていたのだろう。

彼らに日本の家庭に呼ばれたことはあるかと聞いたら、今回が初めてだとのこと。引率してくれたあすか財団の職員さんも財団設立以来はじめてだったということだった。

ほんとにもったいない。短期間の海外旅行にいっても現地の人と仲良くなることなどない。しかし、留学生に声をかければ、じつに簡単に子供たちに国際経験をさせてあげられるのだ。外国人のお姉さんお兄さんとの話は良い刺激になったであろう。そして留学生たちも大いに喜ぶという一石二鳥なのだ。当日はたっぷり5時間もみんなで話し込んだ。

これを何度もやる必要などない。一回でいいのだ。子供にとってなにかの刺激になればいい。そこで何を学んだかなど一切考える必要などない。覚えてなくてもいい。10年後にでも「そういえば、あのとき」と思い出せるだけでものすごいことなのだ。親が供する教育というのはそんなもんだ。子供を訓練してはいけない。

（2）直接仕入れた情報

成毛 眞
5月16日

自分で聞いた与信テクノロジーの小話

定額給付金のオンライン申請で、じつは自治体の中の人が手作業でやっていたというお話。四半世紀前のことを思い出した。

あるサーバーＯＳを、ある金融機関（当時はサラ金と呼ばれていた）に納めるときのこと、ＡＴＭのような機械で初回でも無人で貸し出すというので、驚いてその与信テクノロジーを聞いてみたことがある。

お答えは…その無人貸出機の上にカメラを設置していて、じつは人間が1対1で対応しているのだという。はっ？人間が機械のフリをしているのだ。

たとえば、貸出機に「名前と住所を入力してください」と表示されたときに、たまに紙を見ながら入力するヤツがいるらしい。それを見ていた中の人が「融資を断るボタン」を押すのだという。それなりすましですから〜！というわけだ。

むかしからホントおもちろい国だよねえ。

第2に、「誰それがこう言っていた」という発信をするなら**「参照元のリンク」を必ず貼りつける**ことである。

直接仕入れた情報ではなく、たとえば「経済誌にこういうことが書かれていて、自分はこう考えた」と書くのはありだ。しかし、自分がそのように考える元となった情報源も明かさなくては読者に対してフェアとはいえない。

なぜなら、参照元のリンクなしでは、読んでいる人は、書き手が「経済紙にこのように書かれていた」と書いたとおりに受け取らなくてはいけないからだ。

つまり、書き手が仮に間違った読み取り方をしていても、読んでいる人には正誤をジャッジする術《すべ》がないのである。

参照元リンクを貼りつけた文章

成毛 眞
8月27日

記事の分析以上に、いまや世界はむき出しの地頭勝負になってきているから、それに気づきはじめたという感じなのかもしれない。いわゆる国語算数理科社会では頭の良し悪しの50%くらいしか測れないような気がする。

しかし、それもなんだかなあなのだ。数十年後、地頭力の定義ができて測定できるようになると、いよいよ努力しても報われない人も出てくるだろうなあとつくづく。いまは地頭力偏差値45の人でも、頑張れば学力偏差値は55になるはずだ。ともあれ将来的には企業は学歴ではなく地頭力だけで採用するであろう。

しかし、この方向は変わらないだろう。スポーツや将棋などがそうであるように、他の職業もできるだけ早い時期から、才能を見つけ出して磨いた人には敵わなくなるだろう。

プログラマーなどの技術職はもちろん、経営や投資ですら中高から、その才能（興味をもっていること）さえあればその技術を学んだほうが良いことになるだろう。経営では簿

▼

記＝財務諸表などが典型例だ。経営だって、いち職業でしかない。

とはいえ、高校も大学も職業訓練校であっていいはずはない。宇宙を夢見る生徒が基礎科学に進んでくれないと人類の発展はないし、他の学問も同様だ。その子がどんな才能があるのか中高では判らないことも多いはずだ。国語算数理科社会を学んではじめて自分が何をやりたいか気づく子も多いだろう。

教育というのはホント難しい問題だよなあ。

信頼できる参照元リンク

参照元を明かさないというのは、読んでいる人に、あなたが書いていることを自分でも考えてみるための材料を与えないということだ。そんな発信が続けば、あなたは書き手として信頼性に欠けるということになってしまうだろう。

「自分が体験したこと」を書く。または「参照元のリンク」を貼りつける。私の投稿はすべてこのどちらかである。

POINT

- **「孫引き」した情報は信用に値しない。**
- **経験に基づいた情報・自分で直接仕入れた情報を発信する。**
- **直接仕入れた情報でない発信には、参照元のリンクを載せる。**

3日に1回、複数投稿が最強

ここで、SNSとの付き合い方についても述べておく。

というのも、読む人に「いいね！」などのアクションを起こしてもらえるかどうかは、投稿内容はもちろんのこと、「投稿スタイル」とも関係しているからだ。また、フォロワーの数にも影響する。

SNS上で存在感を強めるには、もちろんコンスタントに投稿する必要がある。しかし**毎日投稿するのは、読み手目線に立てばじつは賢明ではない**のである。

理由はシンプルだ。

まず、まとまった文章を書き慣れていない人が、毎日面白い投稿をするのは至難の業である。

それを無理して毎日投稿したら、あなたのSNS上の評価は「大して面白くない投稿ばかりしている人」になってしまうだろう。「毎日」と決めたとたんに文章を書くことがルーティンと化し、ほとんど惰性で書くようになるからだ。

そうなると、誰もアクションを起こしてくれないから、あなたの投稿は「友達」の枠を超えて広がっていかない。それどころか、直接つながっている友達のタイムラインにも表示されなくなってしまう。

当然フォロワーは増えず、たまに会心の出来の投稿があったとしても、バズることなく消えていくのみだ。

要するに、無駄撃ちするなということである。**毎日面白くない投稿をするくらいなら、3日ごとに真剣に書いたものを投稿するほうがよほどバズる可能性は高くなる。**

私も、SNSに投稿するのはだいたい2〜3日に1日というペースである。投稿どころかSNSを開くことすら毎日の習慣ではない。

毎日投稿したら、おそらく読み手は飽きたりうっとうしくなったりしてフォローを外す人が続出するだろう。書くからには真剣に書く。真剣に書けば自然と濃い文章になる。しかし毎日だと読む人を食傷気味にさせてしまう恐れがあるのだ。

つまり、文章のうまい下手にかかわらず、読む人からすれば毎日は見たくないのである。

というわけで**投稿は毎日でなく、3日ごとくらいがちょうどいい。ただしその1日のなかでは複数回投稿する**ことをおすすめする。

その際の考え方は2つだ。

1つは、別テーマで複数回投稿し、より多くの読者をつかまえるという考え方である。人の興味関心は千差万別だ。たとえあなたの現在の「SNS上の友達」が100人程度だったとしても、興味関心は全員バラバラだ。

100者100様の興味関心があるとして、3日に1回だけ投稿するのは、極端にいえば3日に1回たったの1人に向けて投稿するようなものなのだ。その1人から広がってバズるというのは、たまたまフォロワーを多数擁するインフルエンサーにシェアされるなどしない限り無理である。

いくつかのテーマで投稿すれば、複数の興味関心に応えることになり、より多くの人から「いいね!」してもらえる可能性が高くなる。

そしてアクション数が増えれば、友達の枠を超えて広がっていくようにもなる。こうしてSNS上での存在感が増すほど、バズる書き手となっていけるわけだ。

投稿頻度を低くするぶん、投稿内容には幅を持たせる。それには幅広いネタ元が必要だ。ここで、前に述べた「さまざまな属性の人をフォローし、SNSを豊富な情報源とする」というのがここで効いてくるのである。


そしてもう1つは、**1テーマで複数回投稿し、少数の読者を確実につかまえる**という考え方だ。書くのに慣れてくると、1回の投稿では収まりきらないケースも出てくるだろう。しかしSNS上では、1回あたり長くても2000字程度が限度だ。これ以上になると読み手はしんどく感じ、最後まで読んでくれなくなってしまう。

だから、語りたいことが2000字程度に収まらないときは複数回に分けて投稿する。先ほど述べたコツとは裏腹に、3日ごとの投稿が1テーマになってしまうが、これはこれでメリットがあるのだ。

たとえば投稿を3回に分けたとしたら、そのテーマに興味を持ってくれた人は私の投稿を1日のうちに3回も見ることになる。

そこで「いいね！」「もっと見る」「シェアした記事リンクに飛ぶ」などのアクション

を起こすと、アルゴリズムは即座に「あなたは、この成毛眞という人に関心があるのですね」と判断する。私の投稿が、その人のタイムラインに欠かさず表示されるようになるのだ。

人の「書きたい衝動」はつねに一定というわけではない。いろいろなテーマについて短く語りたいときもあれば、1つのことについてじっくり語りたいときもあるだろう。「3日に1日、複数回、別テーマで投稿する」のは、より多くの人をつかまえるため。「3日に1日、複数回、1テーマで投稿する」のは、少ない読者を確実につかまえるため。それぞれにメリットがある。ケースバイケースで運用していけばいい。

POINT

- 熱心なフォロワーであっても、投稿を毎日読みたいわけではない。
- 3日に1日、別のターゲットへ向けた投稿を複数回行う。
- あるいは、3日に1回、1テーマで複数回投稿する。

読み手と情景を共有する

「具体性」は伝わりやすさ、映えやすさの要である。私自身を振り返ってみても、原稿を推敲する段階では具体的な描写を足していることが多い。

それには、**読んでいる人の目に私自身がイメージしているのと同じ情景を映し出すように書く**ことだ。目で追っているのは文字だが、同時にビジュアルも映し出されるようにする。読んでいる人の視覚を刺激するのである。

たとえば、

✕「都内在住、30代の共働き夫婦、3歳男児がいる家庭」

と書くよりも、

「都心から電車で30分ほどの住宅地に住む30代の夫婦には、3歳になる息子がいる。住んでいるのは3LDK・60㎡の賃貸マンション。夫婦は共働きだが、マイホームを買う余裕はない」

と書いたほうが、より情景が浮かぶだろう。

まず**自分の頭にありありと情景を思い浮かべ、目の前で起こっていることの特徴を1つひとつ挙げるつもりで書く**。すると自然に、読んでいる人の目にも情景が映し出されるような具体的な文章になる。

こういうスキルは、大学の論文などではあまり求められない。

このようなことを言って申し訳ないのだが、実際、大学教授などが書いた文章で、情景が鮮明に浮かぶようなものはほとんど見かけたことがない。論理的には見事に筋が通っていても、それと伝わりやすさは別問題なのである。

82ページの私の投稿を見ても、具体的なイメージが湧くように何度も修正を加えている。

「いまではしょぼい感じ」

↓

「いまとなっては10年前の西海岸的な、しょぼい感じ」

↓

「いまとなっては10年前のアメリカ的な、しょぼい感じ」

↓

「いまとなっては20年前のシリコンバレー的で懐かしく、時代遅れでしょぼい感じ」

↓

「いまとなっては懐かしくも時代遅れで、しょぼい感じ」

このように何度も何度も修正しているが、なぜそうしたのか。それは、この投稿を30代会社員に向けて書いていたからだ。20年前にはスーツ、ワイシャツにノーネクタイがファッショントレンドだったが、いまはまったく違う。そのことを現役世代ど真ん中の30代に向けて示したかったのである。

しかしいまの30代に、ただ「ノーネクタイはしょぼい」といっても「なぜしょぼいのか」が伝わらない。

そこで、まず「10年前」「20年前」と加えることで時代を特定し、(「20年前」に修正したのは単に間違えたからだ)、さらに「西海岸」「シリコンバレー」と場所を明記した。読者が「そうか。スーツ、ワイシャツにノーネクタイというのは、20年前のシリコンバレーの定番スタイルだったんだな」と視覚的にイメージできるようにするためだ。

この段落冒頭に「チノパンやジーンズに白ワイシャツならともかく」と書き加えたのも同じ意味合いだ。比較対象を入れることで「スーツ、ワイシャツにノーネクタイ」のイメージを際立たせるためである。

なお、最終的には「西海岸」も「シリコンバレー」も削っているのは、推敲しているうちに、「懐かしくも時代遅れ」という点を強調したいと思い直したからだ。

私はスーツにノーネクタイがトレンドだった時代も知っているため、「懐かしい」という思いもある。しかし、いまではすっかり時代遅れでしょぼい感じがするから「もうやめたほうがいい」と暗にほのめかしたかったのだ。

そう書いたあとで、遠回しに「かつて、いかにそれがファッショントレンドだったか」を描写するよりも、「時代遅れ」のひと言で事足りると判断した。

推敲前

成毛 眞
7月10日

この半年、スーツ姿の男どもを見ることが激減した。それゆえか、スーツ＋ワイシャツなのにノーネクタイの人に違和感を覚えてしまう。

そろそろ人前では上下揃いのスーツにノーネクタイはやめたほうがいいかもしれない。ただただ、だらしない、というか、いまではしょぼい感じがするのだ。スーツならネクタイ着用のほうが自然だ。

イメージが湧きにくい

むしろどうしてもスーツを着たいなら、スーツに白Ｔシャツのほうが清潔感・軽快感があるように思う。ということで、ネック部分がきっちりと首にフィットする高級白Ｔシャツを売り出したら流行るかもしれない。もちろんＶネックも。オレがユニクロのデザイナーだったら、4900円のビジネス用Ｔシャツを売り出してみたい。

ともかくアパレル業界はいまこそ、新しいファッショントレンドを提案しないと壊滅する。後ろ向きで現実対応のマスク製造だけではヤバイ。

推敲後（1）

成毛 眞
7月10日

この半年、スーツ姿の男どもを見ることが激減した。それゆえか、スーツ＋ワイシャツなのにノーネクタイの人に違和感を覚えてしまう。

そろそろ人前では上下揃いのスーツにノーネクタイはやめたほうがいいかもしれない。ただただ、だらしない、というか、いまとなっては10年前の西海岸的な、しょぼい感じがするのだ。スーツならネクタイ着用のほうが自然だ。

イメージしやすい具体例

むしろどうしてもスーツを着たいなら、スーツに白Ｔシャツのほうが清潔感・軽快感があるように思う。ということで、ネック部分がきっちりと首にフィットする高級白Ｔシャツを売り出したら流行るかもしれない。もちろんＶネックも。オレがユニクロのデザイナーだったら、4900円のビジネス用Ｔシャツを売り出してみたい。

ともかくアパレル業界はいまこそ、新しいファッショントレンドを提案しないと壊滅する。後ろ向きで現実対応のマスク製造だけではヤバイ。

推敲後（2）

成毛 眞
7月10日

この半年、スーツ姿の男どもを見ることが激減した。それゆえか、スーツ＋ワイシャツなのにノーネクタイの人に違和感を覚えてしまう。

チノパンやジーンズに白ワイシャツならともかく、そろそろ人前では上下揃いのスーツにノーネクタイはやめたほうがいいかもしれない。ただただ、だらしない、というか、いまとなっては10年前のアメリカ的な、しょぼい感じがするのだ。スーツならネクタイ着用のほうが自然だ。

イメージしやすい具体例

イメージしやすい表現

むしろどうしてもスーツを着たいなら、スーツに白Tシャツのほうが清潔感・軽快感があるように思う。ということで、ネック部分がきっちりと首にフィットする高級白Tシャツを売り出したら流行るかもしれない。もちろんVネックも。オレがユニクロのデザイナーだったら、4900円のビジネス用Tシャツを売り出してみたい。

ともかくアパレル業界はいまこそ、新しいファッショントレンドを提案しないと壊滅する。後ろ向きで現実対応のマスク製造だけではヤバイ。

推敲後（3）

成毛 眞
7月10日

この半年、スーツ姿の男どもを見ることが激減した。それゆえか、スーツ＋ワイシャツなのにノーネクタイの人に違和感を覚えてしまう。

チノパンにワイシャツならともかく、そろそろ人前では上下揃いのスーツにノーネクタイはやめたほうがいいかもしれない。ただただ、だらしない、というか、いまとなっては20年前のシリコンバレー的で懐かしく、時代遅れでしょぼい感じがするのだ。スーツならネクタイ着用のほうが自然だ。

さらにイメージしやすい表現

むしろどうしてもスーツを着たいなら、スーツに白Ｔシャツのほうが清潔感・軽快感があるように思う。ということで、ネック部分がきっちりと首にフィットする高級白Ｔシャツを売り出したら流行るかもしれない。もちろんＶネックも。オレがユニクロのデザイナーだったら、4900円のビジネス用Ｔシャツを売り出してみたい。

ともかくアパレル業界はいまこそ、新しいファッショントレンドを提案しないと壊滅する。後ろ向きで現実対応のマスク製造だけではヤバイ。

推敲後（4）

成毛 眞
7月10日

この半年、スーツ姿の男どもを見ることが激減した。それゆえか、スーツ＋ワイシャツなのにノーネクタイの人に違和感を覚えてしまう。

チノパンにワイシャツならともかく、そろそろ人前では上下揃いのスーツにノーネクタイはやめたほうがいいかもしれない。ただただ、だらしない、というか、いまとなっては懐かしくも時代遅れで、しょぼい感じがするのだ。スーツならネクタイ着用のほうが自然だ。

むしろどうしてもスーツを着たいなら、スーツに白Tシャツのほうが清潔感・軽快感があるように思う。ということで、ネック部分がきっちりと首にフィットする高級白Tシャツを売り出したら流行るかもしれない。もちろんVネックも。オレがユニクロのデザイナーだったら、4900円のビジネス用Tシャツを売り出してみたい。

ともかくアパレル業界はいまこそ、新しいファッショントレンドを提案しないと壊滅する。後ろ向きで現実対応のマスク製造だけではヤバイ。

要するにノーネクタイ・スーツは過ぎ去った

伝えたいことをより明確化

この投稿で伝えたいことを表現した結論

▼

▼

昔のファッショントレンドだったのだ。時代遅れである。

推敲によって一度は足したディテールを削除することで、83ページから紹介した例文のようにより一層論旨が際立っていくこともある。

POINT

● 書き手がイメージしている情景を読み手と共有することが大切。
● 情景を思い浮かべ、その出来事の特徴を細かく挙げるつもりで書く。
● 書き加えた内容を推敲の過程で削除すると論旨が際立つこともある。

第3章

絶対に誤解されない書き方

ゆがめて受け取る読み手もいる

読者が増えるのは喜ばしいことだ。しかし、その反面、1つ問題が生じることもある。それは、世の中にはいろいろな受け取り方をする人がいるということだ。自分の真意とは違うように受け取られ、**誹謗《ひぼう》中傷じみたコメント、いわゆる「クソリプ」を送られる可能性もゼロではない**。

そんなのは読解力に乏しいほうが悪いんだと思うかもしれないが、ひとたびこちらがまったく意図していないゆがんだ受け取り方をされると厄介だ。

まず、「どうしてこんな受け取り方をするんだろう」と自分が嫌な気分になる。次に、誤解を解くために相手にコメントを返す時間を割かなくてはいけなくなる。それも読解力に乏しい輩《やから》のために、わざわざ、である。考えただけでも気が滅入るだろう。

そしてさらに厄介なことに、いくら丁寧に言葉を尽くして誤解を解こうとしても、そもそも人の意図を取り違えてコメントまで書いてくる人は、そう簡単に納得してくれない。

そういう人は、人の言葉尻をとらえて揶揄《やゆ》することで悦に入り「言ってやった！」となっている場合が多い。だから、なかなか「なるほどそういう意味だったんですね、失礼しました」とはならないのである。

結果として自分だけが、「なんか変な人に絡まれた」と後味の悪い思いをすることになる。これでは徒労もいいところではないか。

自分の発信をきっかけとして、コメント欄などで有意義な議論が交わされるのは歓迎すべきことである。しかし単なる揚げ足取りを仕掛けてくるような相手に費やす時間はない。

それに自分が不用意な書き方をしたばかりに、読解力に乏しい人に絡まれるだけでなく、まともな読者から誤解されるということも起こりうる。

大多数の慎み深い読者は、あまりコメントなどしない。ただ、あなたのことを「この人はものがわかっていないな」「こんな考え方はありえない」と誤解し、そっとフォローを外すだけである。これは避けたい。**自分の発信がどう受け取られるか。その責任の9割は読者ではなく、自分にある**と考えるべきである。

不用意な書き方はしない。誤解を生む芽はあらかじめ摘んでおく。だから推敲が大事なのだ。具体的にいえば、いろいろな受け取り方がありうる書き方にならないように気をつける。突っ込まれるスキをつくらない。これらは、いくら心がけても心がけすぎることはない。

次に挙げるのは、ある日の私の投稿である。投稿後に細々《こまごま》と修正を加えているのだが、ここで例示したいのは次の3点だ。

1つめは、「……QRコード決済ダメじゃね」→「QRコード決済ダメじゃね。バーカ」という修正だ。

「ダメじゃね」というのは、「ダメだよね」と同意を求めるニュアンスの一文である。

だが「ダメじゃね」だけだと、おそらく50代以上の読者は語尾を下げて読むだろうと思った。そこで**「バーカ」を入れることで、「ダメじゃね」の同意のニュアンスを際立たせた。**

2つめは「哺乳類が恐竜類を知性で凌駕《りょうが》するという確証はない」→「哺乳類が恐竜類を知性で凌駕するという生物学的な優位性はない」という修正だ。

「確証はない」というと、あたかも私個人の見方であるかのように受け取られる可能性があると思った。そうなると、「あなたは確証がないと思っているかもしれないが、哺乳類が恐竜類を知性で凌駕するかもしれないじゃないか？」と思う人がいるかもしれない。

これは、**あくまでも生物学のなかでの一般論として述べていることだから、その真意が伝わるように「生物学的な優位性はない」とした。**

そして3つめは、「ネズミがカラスに敵うわけもない」→「ネズミがカラスに知性で敵うわけもない」という修正だ。

この一文がある段落を見てもらえればわかるように、ここでは動物の「知性」について書いている。くだんの**「ネズミがカラスに敵うわけもない」というのも、この文脈で**

読めば知性のことを言っているのだと伝わるはずだ。

しかし、先ほども述べたように世の中にはいろいろな読み取り方をする人がいる。「ネズミがカラスに敵うわけがないだと？　いや、ネズミのほうがカラスより力が強いかもしれないぞ！」などと、誰かがつまらないコメントをつけてこない保証はない。

だから念のため「知性」という言葉を足し、「ネズミがカラスに知性で敵うわけもない」とした。つまらないコメントに「そういう意味ではない。知性の話をしている」なんて返す時間を費やさなくていいよう、予防線を張ったわけだ。

推敲前

成毛 眞
7月8日

この番組だけで２カ月分のＮＨＫ視聴料払ってもいいと思った。いやあ！　面白い。羽毛が生えていた恐竜がいることは知っていたし、そもそも恐竜は鳥類の先祖であることも知っていた。しかし実際に超絶技巧で作られたスーパーＣＧで見ると印象がぜんぜん違う。ピンク恐竜のお母さんが死んだときには泣きそうになってしまったよ。

もし6500万年前に巨大隕石が地球に落ちてこなければ。その結果として鳥類の祖先以外の恐竜類が絶滅しなければ。いまこの時間に、恐竜の子孫たちが「それでさあ、ＱＲコード決済ダメじゃね」などと話していたに違いない。もちろん、その場合は我々人類は存在しないだろう。

世代によって受け取り方が異なる表現

要するに当時ネズミのような人類の祖先である哺乳類と、すでに現代のカラスに匹敵する知性をもつ恐竜類の競合だったのだ。その後6500万年をかけて進化したときに、哺乳類が恐竜類を知性で凌駕するという確証はない。ネズミがカラスに敵うわけもないからだ。

書き手の主観として受け取られる可能性あり

どの点で優れているのか不明確

▼

ともあれだ、小中学生の親たちは、この番組を一緒に見るべきかもしれない。6500万年と全地球レベルの時間と空間での仮説だ。その仮説を語りあうことは重要だ。ＳＦが多くの起業家を育てたように、いかに子供の視野をとてつもないレベルで広くできるかは知性ある親のつとめだ。空想的想像力こそがこれからの時代に必要な能力なのだ。

推敲後

成毛 眞
7月8日

この番組だけで２カ月分のＮＨＫ視聴料払ってもいいと思った。いやあ！　面白い。羽毛が生えていた恐竜がいることは知っていたし、そもそも恐竜は鳥類の先祖であることも知っていた。しかし実際に超絶技巧で作られたスーパーＣＧで見ると印象がぜんぜん違う。ピンク恐竜のお母さんが死んだときには泣きそうになってしまったよ。

もし6500万年前に巨大隕石が地球に落ちてこなければ。その結果として鳥類の祖先以外の恐竜類が絶滅しなければ。いまこの時間に、恐竜の子孫たちが「それでさあ、ＱＲコード決済ダメじゃね。バーカ」などと話していたに違いない。もちろん、その場合は我々人類は存在しないだろう。

同意を求めるニュアンスにすべく追加

要するに当時ネズミのような人類の祖先である哺乳類と、すでに現代のカラスに匹敵する知性をもつ恐竜類の競合だったのだ。その後6500万年をかけて進化したときに、哺乳類が恐竜類を知性で凌駕するという生物学的な優位性はない。ネズミがカラスに知性で敵うわけもないからだ。

書き手の主観でないことを明示

どの点で優れているかを言及

▼

▼

ともあれだ、小中学生の親たちは、この番組を一緒に見るべきかもしれない。6500万年と全地球レベルの時間と空間での仮説だ。その仮説を語りあうことは重要だ。SF が多くの起業家を育てたように、いかに子供の視野をとてつもないレベルで広くできるかは知性ある親のつとめだ。空想的想像力こそがこれからの時代に必要な能力なのだ。

例文でもおわかりいただけたと思うが、推敲とは、かくも細かい作業なのである。最初は少し神経を使って文章を見直す必要があるが、慣れてくれば目を皿にして読み直さなくても、「あ、この書き方はちょっとまずいな」という箇所が自然に目につくようになるだろう。

「誰に読まれても誤解されにくい」というのは、質の高い発信の一条件なのだ。

POINT

- 発信が周囲にどのように受け取られるか、責任の9割は書き手にある。
- 多様な受け取られ方がされる表現は、事前に書き換えておく。
- 誰に読まれても絶対に誤解されない発信＝質の高い発信。

意味にも「閉じ開き」がある

32ページで「漢字の閉じ開き」について話したが、私のいう「開く」とは、漢字を「開く」ことだけではない。「意味を開く」ということも意識しているのだ。これも読み手に誤解されない書き方のテクニックの1つだ。

意味を開くというのは、漢字で表記すればひと言で済むところを、いくつかの言葉でわかりやすく説明することである。

あることを表現するのに漢字がいくつも連なった熟語を思いついたとしても、そのまま書くようでは詰めが甘い。また、特定分野の専門用語は、その道の専門家同士であれば最速で話が通じるのだが、一般の読者向けに使うのは賢明ではない。

これは、じつは書き手の知性が問われるところである。難しい言葉を的確に、なおかつ平易に言い直すには、その言葉の概念をきちんと理解したうえで自分なりに言葉を駆使しなくてはいけないからだ。

たとえば「集団的暗黙知」という言葉が頭に浮かんだとする。6つも漢字が連なっており、そのまま書くと難解な印象となってしまう。

そこで「その集団のなかで無意識のうちに共有されているノウハウの類い」「その会社で仕事をしていれば自然と身につくこと」などと言い直すと、ほぼ誰にでも意味が通じるようになる。

私のいう**「意味を開く」とは、このように1つの言葉の概念を分解し、別の言葉へと置き換えることを意味する**のだ。

とはいえ、これはただ単に「言葉の定義」を書くということではない。

辞書は概念の確認のために参照してもいいが、決して自分の文章を辞書的にせよということではないのだ。

目指したいのは「誰が読んでも意味が通じる文章」である。

学者が書くような文章では使う言葉が難しすぎる。大学生、高校生の文章だと言葉は平易になるかもしれないが、下手に漢字が多くなりすぎるかもしれない。かといって小学生の文章ではあまりにも稚拙でかえって読みづらい。

というわけで**「読みやすさ」という意味で一番ちょうどいいのは、「頭のいい中学生が書いた文章」を意識すること**だ。漢字も難しい言葉も適度に開かれている。それでいて幼すぎることはない。そんな文章を目指すといいだろう。

POINT

- **漢字だけではなく、「意味」の閉じ開きでも文章の印象は一変する。**
- **「意味」も平易な別の言葉に言い換えるようにつとめる。**
- **目指すべきは、漢字も意味も適度に開かれた文章。**

慣用句は書き手の腕の見せどころ

慣用句は便利なものだが、読んで字のごとく「慣用」されているぶん、何の変哲もない文章になりがちという難点がある。

使い古されている言い回しばかりでは、思わず「いいね！」したくなるようなインパクトを読者に与えることは難しい。

それに、**慣用句は誰もが知っている言い回しではあるが、その意味するところは厳密には人それぞれ違う**はずだ。

なぜなら、誰もが自分の体験と照らし合わせて言葉を理解するものだからである。同じ人生経験は2つとないのだから、それを元に理解される慣用句の意味も人それぞれ違っていてしかるべきだ。

つまり**慣用句を使ってばかりいると、自分の真意とは微妙にズレた受け取り方をされる恐れがある**のだ。

慣用句とは、しょせん人の「受け売り」、人からの「借り物」だ。自分の状況や感情に当てはまると思われる、おあつらえむきの言い回しがある。誠に便利な話だが、だからといって、自分のセンスで言葉を使うことを怠ってはいけない。

慣用句を使うにしても、そのままのかたちではなく、自分なりに何かしら工夫したかたちにしたいところだ。**慣れ親しまれている言い回しに自分のセンスを足すことで読者にインパクトを与えられるし、ズレた受け取り方をされる危険も格段に軽減される。**

その一例といえるのが、106ページの投稿の最後の一文である。

いうまでもなく「花より団子」をもじったものだが、「花よりつくね団子」としたことには、2つ含意がある。

1つは、文脈にある「焼き鳥屋」に対する掛け詞《ことば》とすること。「花より団子」の「団子」は甘い団子だが、焼き鳥屋とくれば「つくね団子」だろう、というシャレを加えたわけだ。これは一見してすぐにわかる含意だろう。

もう1つの含意はもっと深い。私にとってはこちらのほうが重要だ。

「花より団子」とは、「美しい花を見るよりも、目の前の食いものを選ぶ」といった意味であり、一般的には物事の粋や風流を解さない人を批判する慣用句だ。つまり花は「粋なもの」を表し、団子は「無粋なもの」を表している。

そのうえで、改めてこの投稿を見てみよう。

ここでは要するに、華やかな場所で有名人と表面的な交流をするよりも、自分が本当に面白いと思う人たちと焼き鳥屋で飲んだほうが、私にとってはずっと価値があるということをいっている。

これを単に「花より団子」と表現すると、「自分が本当に面白いと思う人たち（ひとかたならぬ敬意を抱いている人たち）」は「団子」、すなわち「無粋なもの」ということになってしまう。

だから、**焼き鳥屋と掛け合わせた「つくね団子」とすることで、「花より団子」という慣用句に含まれる「団子＝無粋」の意味合いだけ外した**のである。

成毛 眞
11月17日

「桜を見る会」には経産省から2回招待され、2回とも出欠回答すらシカトした。大学の入学式にも卒業式にも行かなかったし、成人式にももちろん行ってない。会だの式だのは幼稚園の入園式から大嫌い。各種の文学賞パーティーにもよく招待されるが行ったことはない。ともかく不特定多数が集まるところには行かない。渋谷のスクランブル交差点はもちろん、大箱のレストランですら苦手だ。たとえ友人であっても6人以上の食事会などにも顔を出さない。

それでも何の不自由もない。パーティーやらなんちゃら会で簡単で適当に作れる人脈などにまったく興味はない。本当にクソ面白い人は、本当にクソ面白い人から紹介してもらうのしかない。義太夫仲野センセ、超ひも橋本センセ、レンコン野口センセなど例外的にネットや本で変てこで賢い人を見つけて声を掛けることもあるが年に一人かな。それでも20年もやれば20人の超面白い人たちと友人になれる。そんな変でクソ面白い友人3、4人と焼き鳥屋で騒ぐだけでボクは大満足。花よりつくね団子。

どの点で優れているかを言及

ここでご紹介した「花よりつくね団子」は、単なるシャレとして慣用句をもじったのではなくて、尊敬する人たちを不当に貶《おとし》める格好にならないように、という思いがこもった、渾身《こんしん》のオチなのである。

POINT

- **多くの人が使い慣れている言い回しはバズりにくい。**
- **慣用句は、書き手と読み手の認識がズレる一因にもなる。**
- **慣用句を自分流にアレンジすることで文章のインパクトが強まる。**

茶化した書き方にも作法がある

人様に向けて発信する以上、SNSといえども真剣に書くべきである。SNSでの情報発信はある種、怖いのだ。**紙の本であれば絶版になることもあるが、ひとたびネットに書いた情報は半永久的に残り続ける**からである。

真剣に書くといっても、遊んではいけないというわけではない。大いに遊ぶべきだ。心がけるべきことは、誤解なく伝えるために細部まで気を配るということである。不注意にも真意を取り違えられるような文章を書くのでなければ、時には小さな「遊び」として茶化した物言いが混ざっていてもいい。

何かを茶化すというのも、1つの「遊び」だ。しかし、茶化す相手には要注意である。**「遊び」のつもりが人を傷つける「いじり」になっては、あなたの書き手としての評判は地に落ちかねない。**これは私もつねに気をつけている点だ。

たとえば、111ページの投稿では「w」を「。」に修正している（2段落目）。

このご時世で、新型コロナウイルスの感染防止対策として仕方ないとはいえ、マスクの上からフェイスシールドとはあまりにも馬鹿げている。投稿の冒頭でも書いているが、これを強制される子供たちが気の毒でならない。

そこで2段落目では、こんな施策を講じた教育行政に対する批判（嘲笑）の意味を込めて「w」とした。


だが、この文章自体の主語は小学生だ。日本語の特性として主語が省かれているが、文意は「（小学生たちは）溶接用サングラスは各自持参するのだろうかw」である。しかも記事のサムネイルも小学生の写真だ。

そうなると2段落目の「w」によって、私が小学生を茶化しているようにも見えかねない。当の小学生は大人の指示に従うほかなく真剣そのものである。それを茶化していると受け取られるのは不本意だ。

だから投稿直後に「w」を「。」に変えたのである。ほんの些細な語尾の変化だが、読む人に与える印象はガラリと変わる。さらには私の批判の対象をより明確にすべく、

推敲前

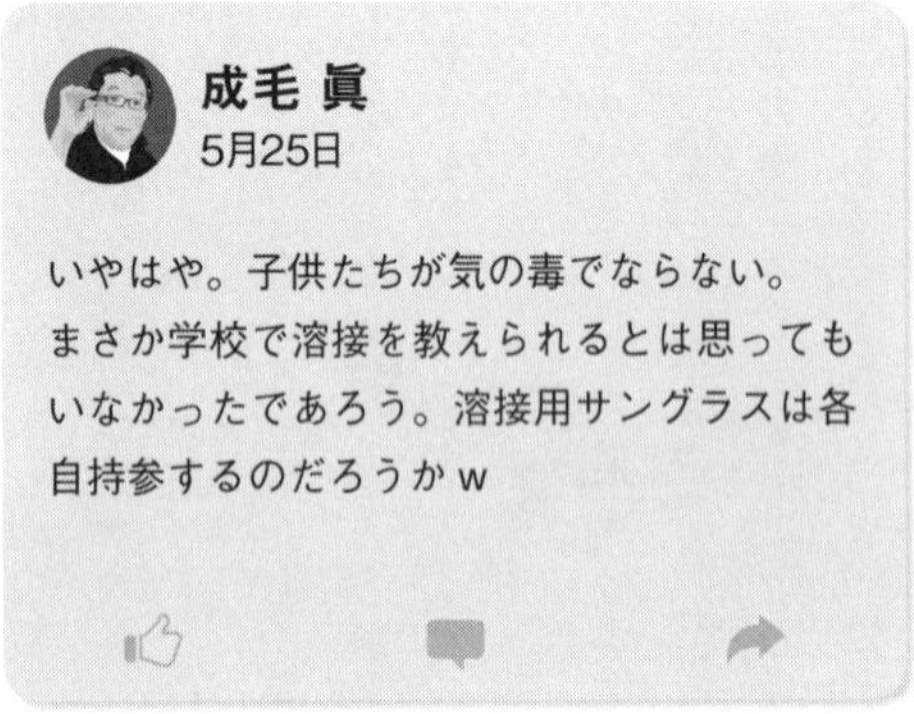
成毛 眞
5月25日
いやはや。子供たちが気の毒でならない。
まさか学校で溶接を教えられるとは思ってもいなかったであろう。溶接用サングラスは各自持参するのだろうかｗ

同じタイミングで3段落目の文章を書き加えた。

結果として、この投稿は何かを茶化すというより、もう少し真面目な批判文となった。

時には推敲段階でこうしたテイストや論旨の変化が起こることもある。

ちなみに**多くの人が何気なく使っているであろう「w」だが、「(笑)」よりもいろいろな意味合いがある。**

「(笑)」には、どことなく読者にも笑うことを強制するような

推敲後

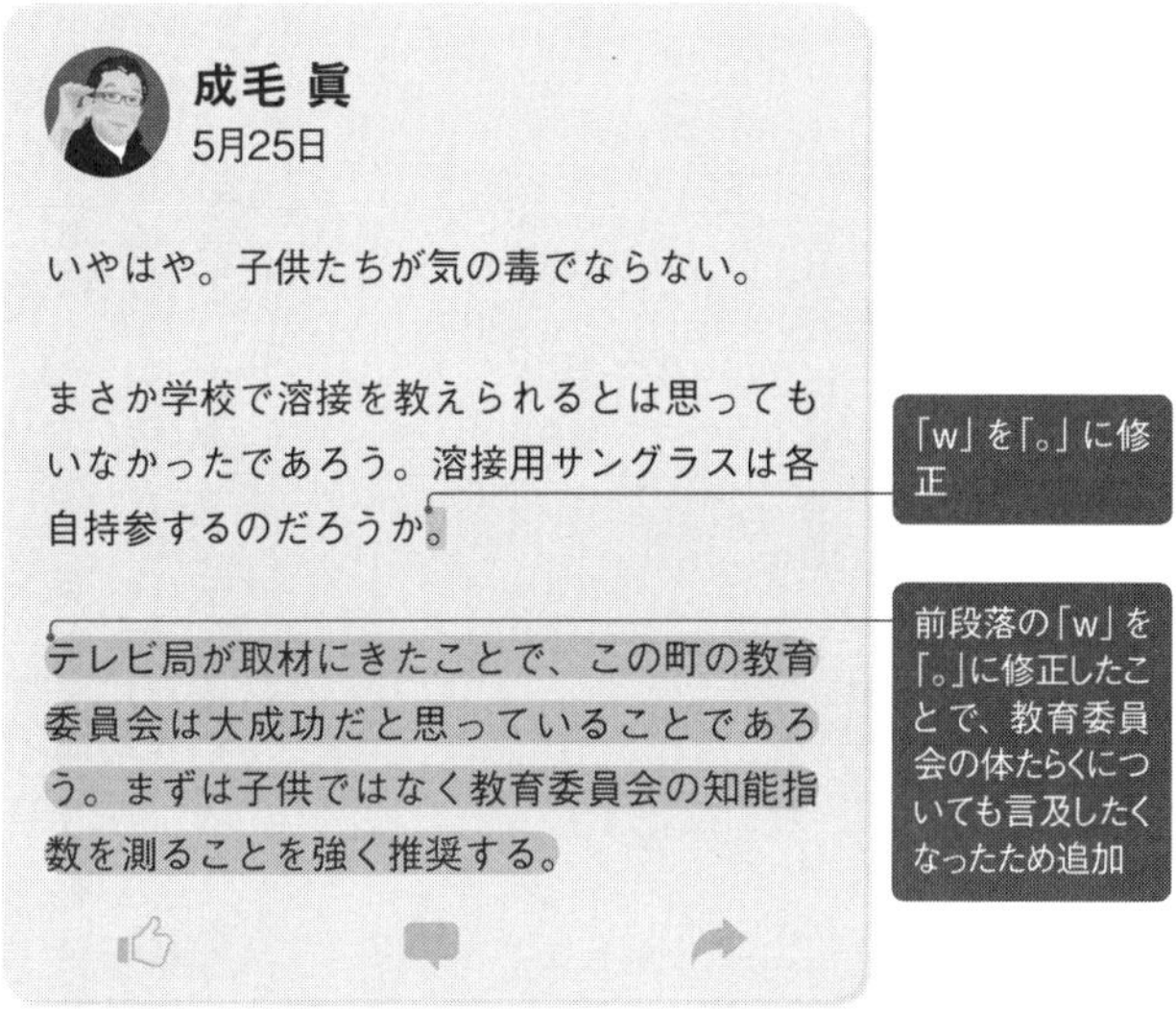
成毛 眞
5月25日
いやはや。子供たちが気の毒でならない。
まさか学校で溶接を教えられるとは思ってもいなかったであろう。溶接用サングラスは各自持参するのだろうか。
テレビ局が取材にきたことで、この町の教育委員会は大成功だと思っていることであろう。まずは子供ではなく教育委員会の知能指数を測ることを強く推奨する。
「w」を「。」に修正
前段落の「w」を「。」に修正したことで、教育委員会の体たらくについても言及したくなったため追加

ニュアンスがある。「ね、笑えるでしょ?」という、書き手の内なる声が聞こえてくる感じがするのである。

「w」には、そういう押しつけがましいニュアンスがない。

「w」は、「しょーもない自分」を軽く嘲笑したり、「テヘペロ」的に愛嬌《あいきょう》を見せたり、「。」だと断定的になりすぎるところを少しやわらげたりといったように、じつに繊細な働きをするのである。

POINT

● 文章に「遊び」の要素を盛り込むために、茶化すのも時にはＯＫ。

● 茶化しが相手を傷つけるいじりになってはいけない。

● 語尾を「(笑)」、「w」、どちらにするかだけでも読み手の印象は一変する。

修正しすぎると悪文になる

文章を書くことは「芸術」よりも「工芸」に近い。

工芸家が粗く木材を削ったあと、ノミでコンコンと少しずつ素人目《しろうとめ》にはわからないレベルまで調整を加え、最後には木材同士が1ミリの狂いもなく、ぴたりと合うように仕上げていく。まさにこういうイメージだ。

たとえば次のように書いたとしよう。

「前から走ってくる車が危険だと思った」

日本語はかろうじて破綻してはいないが、小学生の作文のように稚拙だ。

これでは、その車のどこが危険だと思ったのかがわからない。スピードを出しすぎていたのか、酔っぱらい運転のようにフラフラしていたのか、あるいは運転手が怖そうな人だったのか、車に感じる危険にもいろいろある。

そこで次のように修正したとする。

「前から走ってきた車がスピードを出しすぎていて危険だと思った」

具体性が増したことで、自分の真意がより明確に伝わるようになった。だが、文章としてはまだまだ拙い。

ではさらに、次のように修正するとどうだろうか。

「前から走ってきた車が危ないと思った。なにしろスピードを出しすぎているように思ったのだ」

これならば少し文学性が増し、小説ではないまでもエッセイとしては読ませる文章になってきたといえるだろう。

推敲とは、このように読み直しては少しずつ調整を加えるというじつに工芸的な作業なのである。

推敲は何度でも気が済むまで行えばいい。ただし日を置いて行うとか、長期間にわたって行うとかはおすすめしない。

いったん書き上げたものを新鮮な目で読み直し、ブラッシュアップするというのが推敲の意義である。だがそれが行きすぎて、**書き上げたときの感触が消え去ったあとになると、かえって改悪してしまう恐れがある**のだ。

気のおもむくまま書いたのがよかったのに、下手に論理構成が気になりだして不必要な修正を加えたり、言葉を練り直すうちに妙に硬い文面になってしまったりと、もとものよさがどんどん失われてしまう。

私も多いときには30回ほど手を入れることもあるが、手を加えるのはほぼすべて書いた当日、置いても一晩のうちだ。

これで完璧、もう手を入れるところは1つもない、ということは文章を書く中では起こらない。だから**完成したら推敲をやめるのではなく、飽きたところで推敲をやめる**という感覚である。慣れてくるとみなさんも感じるだろうが、何度も推敲するうちに、「よし、もういいかな」と思う瞬間が訪れるのだ。

POINT

- **文章を書くことは一種の「工芸」のようなもの。**
- **推敲は、書いたときの感覚が消え去らないうちに行う。**
- **推敲をやめるタイミングは、自分の感覚に任せていい。**

第4章

「1行」で読ませる書き方

とにかく「1行目」が勝負

作品の良しあしは「最初の1行」で9割決まる。これは作家の間でよくいわれてきたことだが、SNSの発信でも同じだ。

むしろSNSでは、より一層最初の1行の重要性が高い、といってもいいのかもしれない。

本は、読者が自分の意志で「開く」ものだ。一方、SNSはスクロールするごとに、さまざまな人が書いたものがどんどん「流れてくる」ものである。見ている人はあまたの人の投稿の1行目を見て、その投稿を読むかどうかを決める。

最初の1行で面白そうだと思ったら2行目以降も読み、さらに長い文章の場合は「もっと見る」もクリックするが、**最初の1行で関心を持てなければ、読み飛ばされてしまうだけ**である。

その判断は、おそらく時間にしてコンマ1秒ぐらいで下されているはずだ。

書き手からすれば、より多くの人に読んでもらいたいのなら、最初の1行で瞬間的に読者の関心を引かなくてはいけない。少なくとも「おっ？」と思わせなくてはせっかくの投稿が読み飛ばされ、かけらも読者の記憶に残らない。いわゆる「つかみ」を強烈にする必要があるのだ。

最初の1行にも、いくつかやってはいけないこと、したほうがいいことがある。

まず、**最初の1行が長いのはよくない**。読むほうの立場から考えてほしい。あなただって、何気なくSNSを見ているときに、だらだらと長い1行から始まる投稿をじっくり読みたいと思うだろうか。

SNSには、大学教授や新聞記者など「伝えること」のプロであるはずの人たちが、この過ちを犯しているケースが多く見られる。

なまじ日常的にまとまった文章を書き慣れているからだと思うが、SNSの特性が見過ごされているうえに、読む人に対する親切心も損なわれていると感じる。

SNSでの発信は、軽いものから重いものまでさまざまであっていい。

時には自分が抱いた問題意識を共有し、ぜひ読む人にも考えてみてほしいという意図を含ませるのもいいだろう。その場合、読む人にはまず「自分の意図を読解してもらう」という少々の負荷をかけることになる。

しかし、どのような発信であれ、最初の1行で読む人に負荷をかけてはいけない。

つまり、**最初の1行は文意が明確であるべき**なのだ。だらだらと長い文章では、「これから何を言おうとしているのか」が伝わらず、読むほうは先を読む前に挫折してしまう。それはなんとしても避けねばならないのである。

最初の1行は、本や新聞でいう「見出し」だ。1行目が長いのは要するに、見出しなしでいきなり本文に入っているようなものなのだ。

なお、言っておくが、最初の1行は「絶対に長くしてはいけない」ということではない。これから述べるのは、文章を書き慣れていない人でも簡単に、1行目で「つかみ」を作れるテクニックである。スマホで見て1行で収まらない文章でも、「読ませる文章」ならば、読む人は自然と引き込まれる。

成毛 眞

5月23日

見出しに連番

アフターコロナを考える①

ＩＭＦは「大恐慌以来の大不況」が来ると予測している。2020年の実質世界ＧＤＰ成長率はマイナス3%とした。果たして2021年にはすべてが2019年に戻るのだろうか。

おそらく、意外に早く元に戻ると考える人と、不可逆的に元に戻らないと考える人に分極するのではないか。おそらく視点の違いであろう。前者は柔軟な生活者の視点、後者はグローバルな政治経済構造視点かもしれない。

（後略）

さて、以上を踏まえれば、心がけるべきことも見えてくるだろう。
たとえば、投稿の導入文を短い感想で始めてみる。あるいは同じテーマで続けて投稿するなら、「〜〜〜について①」などと連番を振るのもいいだろう。まさに「見出し」をつける感覚だ。

何かをレコメンドするときは、「これは絶対おすすめ！」などの短い感想。自分の体験談や告知文を書くのなら、「私が○△社にいたころである。」「先日、貴重な体験をした。」「新製品がリリースされました！」「○○イベントの告知です！」といった短い導入文とする。

成毛 眞

9月18日

19字の短い感想

「工場へ行こうPART 2」シリーズが面白い。小中学生をお持ちの親御さんは、ぜひ一度見てみるべきかも。いまの子供はネットが世界の中心だと思っているだろう。なにしろ巨大工場で鉄や自動車やロケットなどが作られるところなど見たことなどないのだ。じつは大人もしかり。

この番組はじつによく出来ている。それもそのはずテレビ愛知が月一回東海地方で放送していたパッケージなのだ。YouTubeで配信されているのはそのごく一部。HONDAのN-BOX、大同特殊の鋼製鉄所、三菱自工のパジェロ、バッドなどの金属加工、日本ガイシのセラミック、おとうふ、紅茶と砂糖、三菱重工のロケット、食品サンプルなどなど。

この番組を週1本、子供と話しながら一緒に見ると、ヘタな社会科授業よりも教育的効果がありそうだ。ゼロ高などが台頭しはじめている。教科書の内容を記憶するだけの教育では社会の変化に追いつかなくなるかも。

ともあれ、テック好きの大人も十分に楽しめるぞ！

成毛 眞

5月17日

9文字の導入文

本当に迂闊《うかつ》だった。ディケーターの『文化大革命』が出版されていたことに気づかなかったのだ。

ボクはディケーターの『毛沢東の大飢饉《ききん》』に大きな衝撃を受け、以来現代中国人気質（意外にも数十年で作られた気質だ）について、同情をもって思いを巡らせることができた。

いま、Amazon を見ていると在庫がない。渇望感がひどい。いますぐに読みたい。親切な鰐部くんならば、読み終わった本を送ってくれるにちがいないw

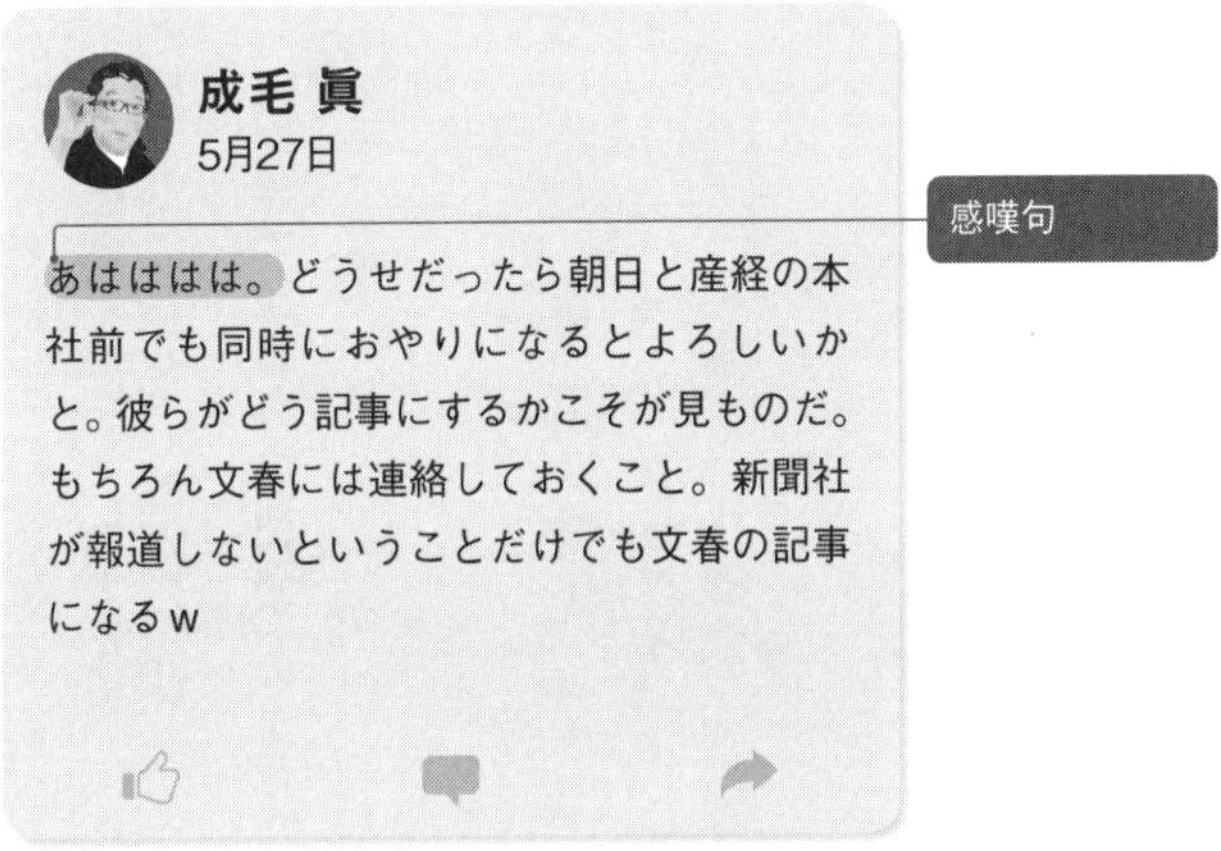
成毛 眞
5月27日
感嘆句
あははははは。どうせだったら朝日と産経の本社前でも同時におやりになるとよろしいかと。彼らがどう記事にするかこそが見ものだ。もちろん文春には連絡しておくこと。新聞社が報道しないということだけでも文春の記事になるw

記事をシェアして意見を述べるときなどは、読後感を端的に述べる。

たとえば「考えさせられる記事。」「こういう見方もあるかもしれないが、私は反対だ。」という具合に。

このほかのテクニックとしては、私もよくやるのだが、**「あははは。」「びっくり！」「いやはや。」「なんだかなあ。」といった感嘆句から始めるのもいい。**

ともかく最初から長い文章を「読ませる」自信のない人は、1行目は「短く、端的に」と心がけよう。

投稿の最初の1行は短く、内容が端的であるほど理想的である。

これを第一条件とし、どうしたら読者に「おっ?」と思わせられるかを考えてみるといい。

スマホで読まれる前提での1行だから、字数にして最大25字といったところだろうか。

あとから詳しく書くのだから、最初の1行に「説明」は不要である。

POINT

- **最初の一文は「見出し」のようなもの。論旨を短く端的に述べる。**
- **長々と説明するほど、読む意欲を削いでしまう。**
- **記事の読後感や、感嘆句から書き出すという手もある。**

いい文章にはグルーヴ感がある

文章と音楽は似ている。読ませる文章には「読んでいて心地いいリズム」があるのだ。

いくら難しい言葉を使っていなくても、リズムが感じられないだけで最後まで読む気が失せてしまう。

反対に、**大して目をみはるようなことを言っていなくても、リズムが感じられる文章には思わず「いいね！」したくなる。**

はっきりと自覚していない人のほうが多いだろうが、これが読者の習性というものなのだ。


いくつかプロの作家の文章を例にとってみれば、私の意味するところはわかってもらえるはずだ。

たとえば夏目漱石の名作、『吾輩は猫である』の書き出しはこうである。

「吾輩は猫である。名前はまだ無い。」

これが「吾輩は猫だ。まだ名前は無いのである」だったら、なんとリズムの悪いことだろう。

「一尺四方の四角な天窓を眺めて、始めて紫色に澄んだ空を見た。」

林芙美子の『放浪記』の書き出しである。
もちろん現代の作品にも、リズムのいい文章は枚挙にいとまがない。

「そのロボットは、うまくできていた。女のロボットだった。人工的なものだから、いくらでも美人につくれた。あらゆる美人の要素をとり入れたので、完全な美人ができあがった。もっとも、少しつんとしていた。だが、つんとしていることは、美人の条件なのだった。」

紙幅の関係から紹介はここまでに留めるが、これは短編の名手として知られる星新一の『ボッコちゃん』の書き出しだ。

いずれも何気ない書き出しのように見えて、じつはリズムを感じられるから、読んでいる人はハッとさせられて先を読みたくなるのだ。

ただし例に挙げたのは、世に名を残しているほどの作家の芸当である。この感覚をつかめと言われても、何をどう心がければいいかわからないだろう。

文章のリズムをテクニックに落とし込むとしたら、意識すべきは「接続詞」と「一文の長さ」だ。

接続詞とは読んで字の如く「文章と文章を接続する詞」である。

「だから」「しかし」「だが」「ただし」「したがって」「しかも」「そもそも」などには、もちろん語意がある。

しかし私は、そうした意味的な機能と同時に、文章の拍子をよくするために接続詞を使うことが多い。

「接続詞（副詞）」で拍子をとる

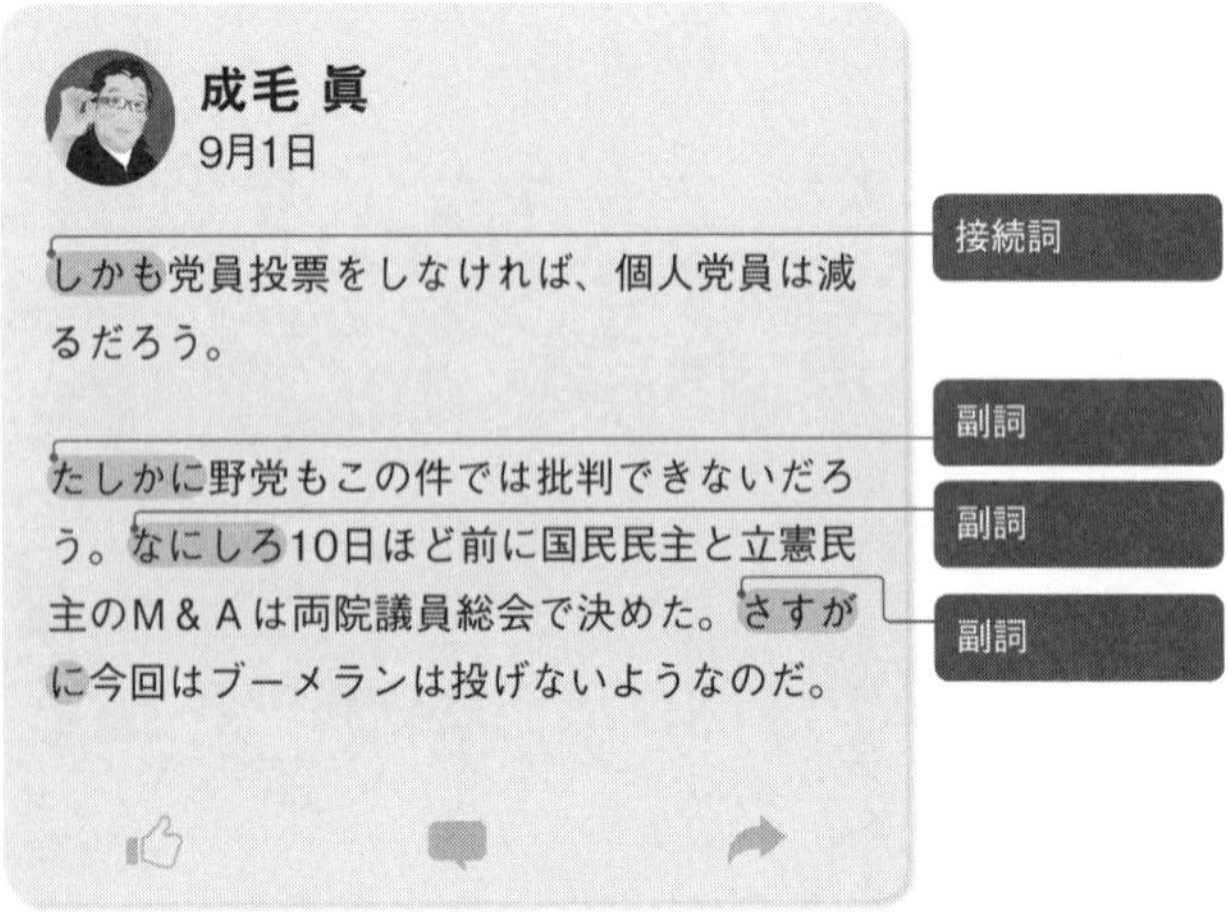

「むしろ」「たしかに」「もちろん」「なにしろ」「さすがに」「ほんと（に）」といった副詞も、よく同様の目的で使っている。

また**「一文の長さ」を意識するというのは、短文・中文・長文を織り交ぜて文章のテンポに強弱をつけるということ**だ。

音楽では、強拍と弱拍を織り交ぜてリズムの強弱を作ることを「シンコペーション」という。文章でも短文・中文・長文を織り交ぜると、音楽的なシンコペーションが生まれるのであ

テンポよく短文・中文・長文を交える

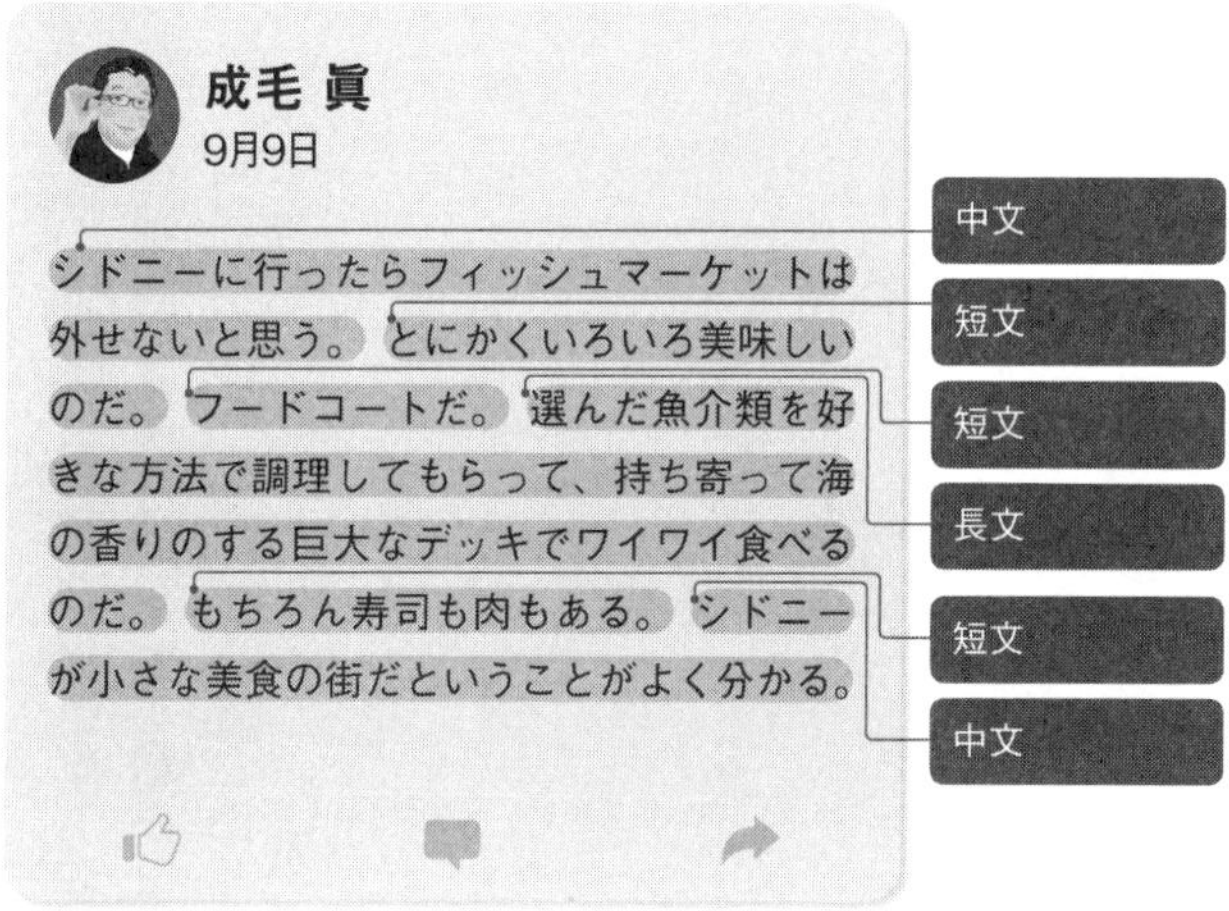

る。

何気ない書き出しに見せかけて、絶妙なテンポを感じさせる。そんな文章には不思議と先をどんどん読みたくさせる威力があるのだ。

POINT

- 「いいね！」を押したくなる文章にはテンポのよさがある。
- 接続詞や副詞は、文章の拍子を整える役割を持っている。
- 短文・中文・長文を交互に織り交ぜるのも効果的。

細部に宿る助詞・読点遣い

芸術の世界には「神は細部に宿る」という考え方がある。素人が見過ごしてしまうような小さなディテールこそが、じつは人の心を揺り動かすエネルギーを作品に与えるのだ。

文章にも芸術と似たようなところがある。**細部をおざなりにしていては、決していい文章は書けない**。私がたびたび推敲の重要性を指摘しているのも、細部にまで神経を行き届かせるためなのである。

その代表格は**「助詞遣い」**と**「読点遣い」**だ。

助詞遣いというと、**「私は行く」**と書くか**「私が行く」**と書くか、といった話かと思うかもしれない。「は」と「が」の意味合いが異なるというのは、日本語ネイティブならば感覚的に理解できるだろう。

このように意味合いからして明らかに異なる場合はもちろんなのだが、それ以外にも、助詞をどう使うかというのはつねに頭に置いておきたいことだ。

「ほんと好き」と書くか、**「ほんとに好き」**と書くか。
「これ面白い！」と書くか**「これは面白い！」**と書くか。
「北海道行きたいなあ」と書くか**「北海道に行きたいなあ」**と書くか。
「文章しっかり見直さないと」と書くか**「文章をしっかり見直さないと」**と書くか。

とくに、こうした**助詞の有無は文章のリズムを左右する。**

SNSは砕けた口語調（話し言葉）でも通用する世界だ。正式な文語調（書き言葉）ならば助詞を入れるべきところであろうと、リズムを優先させて助詞の有無を判断することがあってもいい。

私も、よく助詞を入れたり省いたりする。単純な打ち間違いを修正した場合を除いて、どうしてそうしたのかと問われても明確な理由はないことがほとんどだ。

強いて私の頭のなかで無意識に働いているであろう意図を言葉にするならば、やはり文章的にではなく音楽的な視点からリズムを整えている場合が多い。きわめて感覚的なところなのである。

みなさんもぜひ、言葉に対する感覚を研ぎ澄ませて推敲してほしい。何度も繰り返すうちに、だんだんと読みやすい文章、読ませる文章のセンスが磨かれていくだろう。

POINT

- **助詞の有無が文章全体のリズム感を左右する。**
- **読点1つにも書き手のセンスがあらわれる。**
- **文章の隅々まで目を配り、書き方のセンスを磨こう。**

読み進めたくなる読点テク

助詞と同様、読点「、」をどこに打つべきかというのも、きわめて感覚的なものだ。いつも私は推敲しながら削除したり加えたりしているのだが、いくつかの法則に落とし込むことは可能である。

まず前提として、意味的な機能を狙って接続詞を使うときには「、」を打つ。つまり前段の内容を覆すときには「しかし、」「だが、」、前の段落を受けて発展させたいときには「だから、」「したがって、」などとすればいい。

そのうえで読点を入れるかどうかの法則は、次の3つだ。

まず1つめ。**リズムをよくする調整役として接続詞を入れるときには、「、」は打たない。**

たとえば次のような文章である。

「高速道路が渋滞している。どうやら大きな衝突事故があったらしいのだ。しかし困ったものだ。これでは大事な待ち合わせに遅れてしまう」

「しかし」には「前に述べたことを覆す」という以外に、話題を転じるための「それはそれとして」、感動を込めるための「それにしても」という、3つの意味合いがある。

この文中の「しかし」は、「困ったものだ」に感動を込めるための「しかし」だ。

それを「しかし、困ったものだ」とすると、どういう印象になるだろうか。

こうすると「それにしても」の意味合いが失われるという、文法的な決まりがあるわけではない。だが前段の「どうやら大きな衝突事故があったらしい」を否定しているように見えて、どうも文章の調子が狂ってしまう。

ほかにも、いくつか挙げておこう。

×

「そして、それは、私にとって、いままで味わったことのない素晴らしい体験となったのである」

「嫌な予感が的中してしまった。だから、私は、くれぐれも気をつけるようにと言ったのだ」

「彼は言葉を尽くして説明した。だが、彼女には、何のことやらさっぱり理解できなかった」

○

「そしてそれは、私にとって、いままで味わったことのない素晴らしい体験となったのである」

「嫌な予感が的中してしまった。だから私はくれぐれも気をつけるようにと言ったのだ」

「彼は言葉を尽くして説明した。だが彼女には、何のことやらさっぱり理解できなかった」

いずれも「そして、それは」「だから、私は、」「だが、彼女には」では調子が悪い。こういう場合には「、」を打たないほうがいい。

2つめ。**音読したときに、ひと息つきたいところ（読者にひと息ついてほしいところ）に「、」を打つ。**読者に息継ぎのポイントを示すイメージだ。ただし息継ぎポイントでなくても、「、」を入れないと読みづらくなるところには「、」を打つ。

読みやすい文章を書くために優先すべきなのは「語感」、つまり「リズムがいいこと」だ。息継ぎポイントに「、」を打つのもそのためだが、時には語感的には息継ぎポイントでなくても、「、」を打たないとひらがなもしくは漢字が続いて読みづらいことがある。その場合は視覚的な読みやすさのために「、」を打つ。

× 「音読したときにひと息つきたいところ」

○ 「音読したときに、ひと息つきたいところ」

この文章で語感を優先すると「音読したときにひと息つきたいところ」である。だが「したときに」と「ひと息」を区切らないと少し読みづらい。そこで「音読したときに、ひと息つきたいところ」とする。

漢字でも同様だ。

× 「今書いたように、」

○ 「今、書いたように」

このように途中で「、」を打つことがある。これも優先されるべきは語感だが、連続する漢字を視覚的に読みやすくするための策である。

そして3つめ。**修飾的な文章が長くなり、どの節がどの節を修飾しているのかわからない場合は、視覚的な読みやすさを優先して「、」を打つ。**

次の文章を見比べてほしい。

×

「母が祖母からもらい受けたときには従来の薄茶色がすっかり飴色に変わっていたといういまでは私の通勤用として活躍している鞄は誰からもほめられる」

○

「母が祖母からもらい受けたときには、従来の薄茶色がすっかり飴色に変わっていたという、いまでは私の通勤用として活躍している鞄は誰からもほめられる」

そもそも文章が長すぎるという難点があるため、この文章の推敲では2～3文に区切るという手もあるのだ。ただし、あくまでも「、」の打ち方という本項の課題として取り組むならば、どうしたら読みやすくなるか。

いくつか考えられるが、もっとも「、」を入れるべきなのは「変わっていたという」のあとだ。なぜなら「母が祖母からもらい受けたときには～変わっていたという」の節は、「いまでは私の通勤用として活躍している鞄」を修飾しているからだ。

さらに読みやすくするには、長い修飾語の途中にも「、」を打つ。
したがって「母が祖母からもらい受けたときには、従来の薄茶色がすっかり飴色に変わっていたという、いまでは私の通勤用として活躍している鞄は誰からもほめられる」とするのが、まあ妥当なところだろう。

もちろん、あくまでも語感を優先したい場合には、多少、視覚的に読みづらくなることには目をつぶり、「、」を打たないという選択肢もある。そのつど何を重視するかは、自分の感覚で判断することだ。

重要なのは文法的あるいは慣習的な「正解」を探すことではない。

前項から本項を通じて伝えたかったのは、自分自身の感覚でもって、こんな小さなところにまで目を配るクセをつけようということだ。助詞1つ、読点1つにこだわる人は、すでにうまい文章を書く素質があるといっていい。

POINT

- リズムをよくするための接続詞のあとに読点は打たない。
- 音読したときに、ひと息つきたいところには読点を打つ。
- 修飾的な文章が長く続いたら、読みやすさのために読点を打つ。

副詞は「ここぞ！」で使え

歯切れのいい文章にするには、余計な修飾語はあまり入れないことである。
その代表格は「副詞的な修飾語」、つまり動詞や形容詞を修飾する言葉だ。「とても」「すごく」「非常に」「大変」などは極力使わずに、ずばりひと言で表現したほうがキレのある文章になる。

小難しい熟語はあまり使わないほうがいいのだが、たとえば「すごく驚いた」ことを表現したいのなら、「驚嘆《きょうがく》した」「驚愕した」などと書く。もう少し砕けさせて、「たまげた」「びっくらこいた」「びっくりぽん！」などもいい。

このように、ひと言で表現したほうがストレートに伝わる。

それに、副詞を使う代わりに、ひと言で表現できる言葉を当てるというのは、それだけ語彙が豊かということでもある。何でも「すごい」「とても」などと副詞任せにしないだけで、「語彙が豊かな人＝なかなかの書き手」という印象になるのだ。

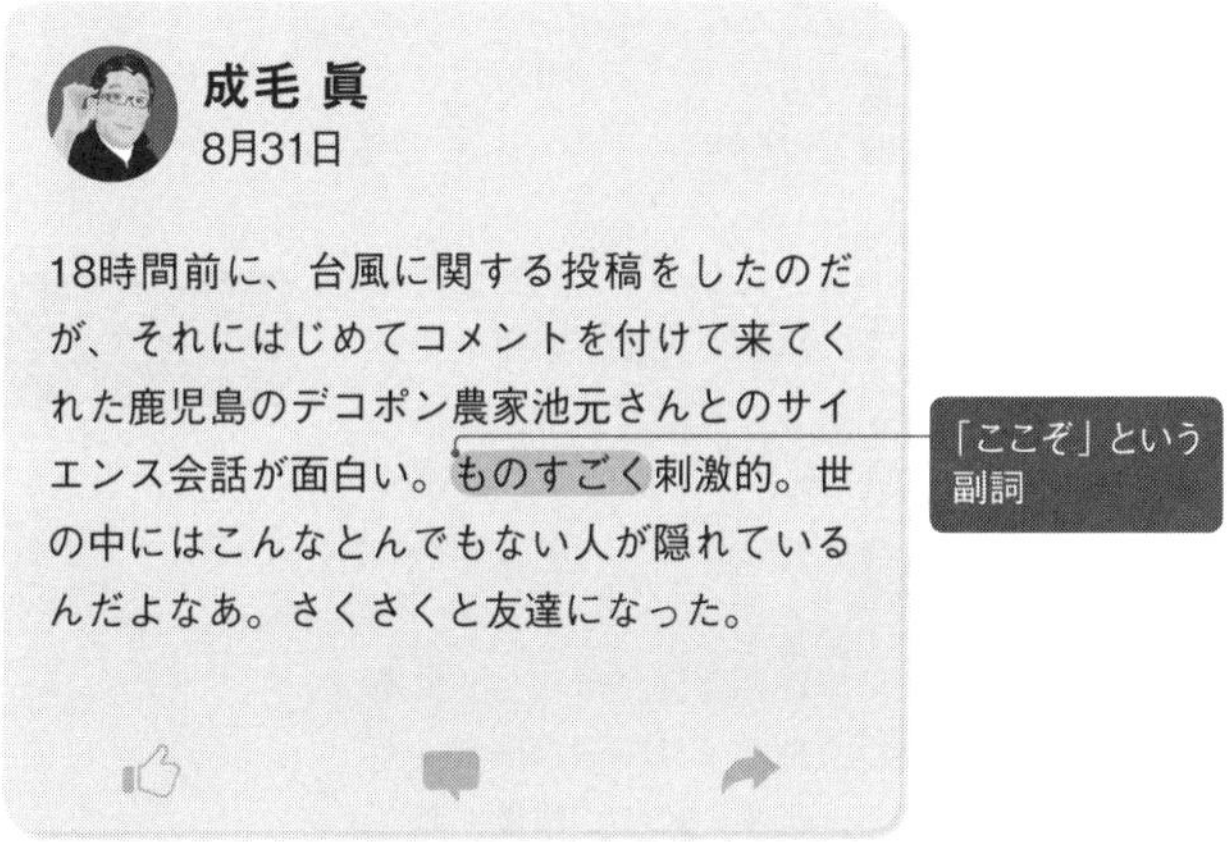
成毛 眞
8月31日
18時間前に、台風に関する投稿をしたのだが、それにはじめてコメントを付けて来てくれた鹿児島のデコポン農家池元さんとのサイエンス会話が面白い。ものすごく刺激的。世の中にはこんなとんでもない人が隠れているんだよなあ。さくさくと友達になった。
「ここぞ」という副詞

もちろん絶対に副詞を使ってはいけないのではない。つい使いがちだが、副詞の多い文章はうっとうしいだけ要注意ということである。副詞は「ここぞ！」というときに使うべきものなのだ。

「ここぞ！」というのは、つまり「ここはしっかり強調したい」と思ったときだ。「じつに興味深い」「とてもじゃないが我慢できない」など、とくに力を入れて自分の感情を伝えたいときなどに限る。

また、なかには副詞を入れないと語感が悪い言葉もある。「大いに吹聴」「誠に遺憾」などだ。

これらはそれぞれ、副詞がなくても「大

成毛 眞
10月16日

地球温暖化の主因が人類が出した二酸化炭素かどうかについての議論がいまだに続いていてウザいのだが、ともあれどんな理由であれ温暖化が進んでいるということだけが確かだ。

まちがいないのは中国西北部が緑化しつつあるということだ。長期的には中国の農業生産は増えるであろう。結果的に人口移動が起こ

「ここぞ」という副詞

▼

いに」「誠に」といったニュアンスを含んでいる。

つまり通常は避けるべき一種の重複表現といえるのだが、「誰それが〜〜であると吹聴している」「このようなことになって遺憾だ」では、どうも調子が悪い。「誰それが〜〜であると大いに吹聴している」「このようなことになって誠に遺憾だ」のほうがずっと語感よく、「吹聴」「遺憾」という言葉の意味も、より鮮明に頭に入ってくるのだ。

副詞の乱用は避けること。最初に書き上げた原稿は「副詞過多」になっていないか、これも推敲時の心得の1つとするといいだろう。

▼

り共産党内の権力構造も変動するであろう。そしてありがたいことに日本に到達する黄砂は減るであろう。

この現象は中国だけでないらしい。複数の記事を読む限り中東でも起こっているのだ（すべて英文なのでリンクは省略する。ホントものすごいんだけどね）

この気候変動は10年単位で起こっているので地球的には短期変動といってもいいのだが、驚くべきことはそこではない。むしろ中国の政治プロパガンダが変化したことだ。ひとむかし前ならば、中国共産党の指導により植樹をすることで緑化が進んだと大いに吹聴していたことであろう。しかし、いまは地球温暖化が原因と言い切っているのだ。つまり中国科学的に現実を直視できる国に変貌しつつあるのだ。

「吹聴」だけでは
調子が悪い

そこを日本の政治家が見誤ることが怖い。中国は当時の科学の最先を走り泰然とした大唐時代に戻るかもしれない。監視社会など強要されない限り我が国の問題ではない。遣唐使21を送るべきかもしれない。

POINT

- 副詞の乱用を避けると、語彙が豊かな印象を与えられる。
- 推敲の際には、「副詞を使いすぎていないか」にも目を向ける。
- なかには、副詞とセットでないと語感が悪い言葉もある。

「いいね!」もシェアも補足情報で決まる

文章の第一目標は「伝えたいことが、過不足なくちゃんと伝わること」だ。

しかし「バズる文章」となると、もう1つ工夫したい。

とくに人の投稿や記事をシェアする場合には、読んでいる人が、シェア元ではなくあなたの投稿をもっと読みたいと思ってくれるような「引き」を入れる必要がある。

それには、**投稿のメインテーマから派生させた「追加情報」を入れる**ことだ。うまく追加情報を入れ込むことが「いいね!」やシェアの増加につながるといっていい。

バズるには、自分がつながっていない人のタイムラインにも、自分の投稿が表示される必要がある。それには、まず自分がつながっている人に「いいね!」やシェアなどのアクションを起こしてもらわなくてはいけない。

とはいえ、読んでいる人に無理やり「いいね!」を押させることはできないから、本当に「いいね!」と思ってもらわなくてはいけない。**思わず「いいね!」したくなるよ**

う、**読んでいる人の心を動かすことがバズる鍵**なのだ。

そして人のコンテンツをシェアする投稿の場合、読んでいる人が思わず「いいね！」したくなるかどうかは追加情報にかかっている。読む人を自分に引きつけるには、メインの内容以上にサブ的内容がものをいうのである。

そうでなくては、ただ人のコンテンツの広報をしているだけになってしまうだろう。

これは、ある知人の投稿だ。

新型コロナウイルスの流行により「ソーシャルディスタンス」という新習慣が取り入れられた。この投稿では「ソーシャルディスタンス＝ゴールデンレトリーバー2匹分の距離感」というのをイラストで表現したものがシェアされていた。

ここでは知人の投稿の本文だけ抜き出して紹介する。

まず見出し的な1行を加えたくなるが、ここでは、いかに追加情報を足すかに論点を絞って見ていこう。シェアされている犬のイラストがかわいいので、とりあえずは目を引く投稿だ（私は犬好きなので、なおさらかもしれない）。

しかし文章が数行で終わっていることもあり、いまいち心にヒットしない。心にヒットしなければ、思わず「いいね！」したくはならない。

ではは私ならどうするかと考えてみる。よく見ると、イラストに描かれている2匹の犬の顔の色が違うことが気になった。1匹の顔は茶色なのだが、もう1匹の顔は白い。

ついでにいうと、投稿末尾の「ご本人がご自由にお使いくださいと書かれていたのでシェア」というのもあっさりしすぎている。「『ご本人』って？」と読んでいるほうは置いてけぼりを食らった気分になる。

この2点について勝手に追加情報を入れてみよう。

私もゴールデンレトリーバーを飼っていたことがある。15歳7カ月という高齢までがんばったオス犬だ。犬も人と同様高齢になると白髪になるが、ゴールデンレトリーバーはとくに顔の毛が白くなるのだ。

添削例

推敲前

福島結実子

ジャイアントパンダ1頭分とかバスケ選手1人分とかあったけど、最高にかわいいの見つけた！（ご本人がご自由にお使いくださいと書かれていたのでシェア）

たまたまSNSを見ていたら、こんなにかわいくソーシャルディスタンスを表現しているイラストに出会った。投稿主はゴールデンレトリーバーを2匹飼っているのかもしれない。2匹のうち顔が白いほうは高齢で、顔が茶色いほうはまだ若いと見える。そうか、この2匹はひょっとしたら親子なのかもしれない――。

そんな想像も、読む人の心に投稿をヒットさせる追加情報となりうるだろう。

推敲後

福島結実子

見出しを設ける

【ソーシャルディスタンス】
ジャイアントパンダ1頭分とかバスケ選手1人分とかあったけど、最高にかわいいの見つけた！

追加情報を入れる

たまたまＳＮＳを見ていて出会ったイラスト。描いた人はゴールデンレトリーバーを２匹飼っているのかな。
(ご本人がご自由にお使いくださいと書かれていたのでシェア)

追加情報を入れる

ところで、このイラスト、よく見ると前にいるほうは顔が白い。犬も人間と一緒で、年をとると白髪になる。私も飼っていたことがあるからわかるのだけど、ゴールデンレトリーバーは、特に顔が白くなる。じゃあこの２匹は親子なのかな。ともあれかわいい！

POINT

- バズらせるには、メインテーマ以外の追加情報を組み入れる。
- 読み手の視点に立って「気になるポイント」を、追加情報とする。
- 思わず「いいね！」を押したくなるような内容を盛り込む。

第5章

どんな相手にも共感される書き方

あえて想定読者の「マイナス10歳」を狙え

ただ何となく書きたいことを書いて発信しても、肝心の読者が面白がってくれなければバズることはない。そこはやはりマーケティングの発想も必要だ。

まず考えるべきは、誰に向かって書いているのか。要するにターゲットを定めるということだが、これだけでは不十分である。**あるターゲットに向けて書いたつもりが、まったくそのターゲットに刺さる内容でなかったとしたらバズるはずがない**からだ。

では、定めたターゲットに確実に届くようにするにはどうするか。企業の広告戦略が参考になる。

ここで少し想像してみてほしい。あなたが50代の男性だとして、紳士服店で「これは50代向けに作られた洋服なので、おすすめです」と言われたら「欲しい」と思うだろうか。あるいは、あなたが40代の女性だとして、「この口紅は40代女性の間で大ヒットしてます」と言われて、「いいな、自分も同じ色をつけたい！」と思うだろうか。

老若男女、たとえ何歳であれおそらくそのように思う人は少ないだろう。「年寄り扱いするな」と実年齢に抗《あらが》うチョイスをしたくなるはずだ。

年端も行かない子供には「早く大人になりたい」という願望があるものだが、実際に大人になるにしたがって、人は「少しでも若いと感じたい」「少しでも若く見られたい」という願望を抱くようになる。

実年齢が50代だったら40代向けの洋服をすすめられたいし、実年齢が40代だったら30代の間で流行している色をつけたいのだ。

この心理をSNSの投稿に当てはめると、**「ターゲットのマイナス10歳」を意識して書けばいい**ということになる。50代の人たちに届けたいのなら40代向けを意識して書く。40代の人たちに届けたいのなら、30代向けを意識して書く。それくらいでちょうどいい。

POINT

- **投稿をバズらせるためにはターゲットを明確にすること。**
- **想定読者にピンポイントで刺そうとしてもうまくいかない。**
- **ターゲットの「マイナス10歳」を意識してはじめて、狙った層に届く。**

ディスるよりほめろ

ＳＮＳでは基本的に悪口は書かないほうがいい。

炎上を避けるためでもあるが、それ以上に重要な意味を持つのはフォロワーの管理である。

世の中には、「誰か（何か）に対する悪口を好んで読む人」と「誰か（何か）に対する称賛を好んで読む人」がいる。

「類は友を呼ぶ」という言葉どおり悪口ばかり発信していると、悪口を好む人たちが集まってくる。彼らはみずからも悪口を好んで発信するため、あなたのタイムラインも悪口だらけになる。要するに自分のタイムラインが「荒れる」のだ。

悪口を好む人をいかにフォロワーから排除するかというのは、ＳＮＳにおいては大きな課題なのである。

悪口を発信するのは、それはそれでストレス発散などの意義があるのかもしれない。

だが、そのままでは発信が広くシェアされ、読む人に影響を与えることはない。つまりバズらないだろう。**悪口を書くのは、じつはマーケティングの観点からもまったく賢明ではない**のである。

どうしても悪態をつきたいのなら、人に見られない日記帳にでも書き殴るか、気のおけないリアルな友達にぶちまけたほうがいい。

悪口を好む人たちは声が大きい。意地の悪い野次馬根性で、過剰に騒ぎ立てるきらいがある。そのため、まるで彼らが世の中の多数派であるかのように見えてしまうが、じつは違う。声が大きいから数も多いように見えているだけだ。

本当は**誰か（何か）に対する悪口よりも、誰か（何か）に対する称賛を好んで読む人のほうが、はるかに多い**のである。

世の中には特定の民族や国家への差別を助長するようなヘイト本もあふれているが、企業や人物の成功譚《たん》など称賛本のほうがロング&ベストセラーになりやすい。この事実を見るだけでも、称賛を好んで読む人のほうが多数派であることがうかがわれる。

これが世の中の人口分布であり、SNSでも同様になっているはずなのだ。

誰か（何か）に対する称賛を好む人たちは、いわゆるサイレント・マジョリティである。声は小さいが数は多い。そして声は小さいが行動力はある。

たとえば、ある商品をすすめている投稿を読んで「よさそうだな」と思ったら、サイレント・マジョリティの人たちは、すぐに買う。いいものは試してみたいという、前向きな好奇心に満ちあふれているからだ。

私も、しばしばおすすめの書籍や商品やアプリなどについて投稿する。たいていは目に見えて効果があり、紹介した書籍が投稿直後に Amazon で品薄になったこともしばしばあるし、紹介した商品がメーカーから大量に送られてきたこともある。向こうだってタダでは送らないだろうから、おそらく私の投稿によって売り上げが伸びるなどの効果があったのだろう。

この例からもうかがい知れるように世の中のほとんどの人は悪口に与《くみ》するより、称賛に同調したいものなのである。

この人口比率イメージは、ぜひとも頭に入れておくことだ。うるさいだけのノイジー・マイノリティは放っておけばいい。派手さはなくとも、**サイレント・マジョリティを味**

方につけた書き手は最強といっていいだろう。

POINT

- 悪口を好むフォロワーを排除することで、書き手の信用を保持できる。
- 悪口を好む人は、声は大きいが人数は少ない。
- ほめ言葉を好む人は、声は小さいが世の中の圧倒的多数派である。

賛否両論の話題は、忍び込ませろ

当たり障りのない文章ばかり書いていてもつまらない。かといって賛否両論あるテーマで自分の意見を発信して、反対論者から炎上の火の手が上がることは避けたい。何かしら特徴がなくてはバズる書き手になれないが、あからさまなクセは淘汰《とうた》や攻撃の対象となる。

「出すぎた杭《くい》」は打たれる危険があるのだ。個性が求められる時代に「出る杭」となることを恐れてはいけないが、出し方をしくじると思わぬ反感を買いかねないというのは心得ておいたほうがいいだろう。

巷《ちまた》で賛否両論ありそうなことについて発信したいときにも、注意が必要だ。テーマを慎重に選べということではない。

ここでの問題は「何について書くか」ではなく、「どう書くか」だ。書き方のポイントを押さえておけば、いかなるテーマについて自分の意見を発信しても、思わぬ炎上で満身創痍《そうい》というのは避けられる。

その書き方のポイントとは、「忍び込ませること」である。

「賛成！」「反対！」「このテーマに関する私の意見はこうである！」と声高に叫ぶのではなく、さりげなく文中に忍び込ませるのだ。

自分の言いたい事柄について、核心や本質的なところだけ触れる。結論部分は伏せておいて、そう考える「根拠」だけを簡略に、かつ端的に述べるといってもいいかもしれない。

166ページからの投稿は本書の95ページでも紹介したが、「この番組だけで2カ月分のNHK視聴料払ってもいいと思った」から始まり、NHKが制作した恐竜のドキュメンタリー番組にすっかり感動してしまったことを1段落目で簡略に述べている。

NHKの受信料問題は、巷では賛否両論が激しいテーマだ。

払っている人もいれば、あらゆる策を講じて逃れている人もいる。ちょっとキーワード検索しただけで、「NHKの受信料回収人が来たらどう撃退するか」なんていうティップスを解くサイトが山ほど出てくる。払いたくない人もそれだけ多いのだ。国民として一律徴収に納得できないという言い分も、わからないではない。過去には番組制作費の不正支出などの不祥事が次々と発覚し、NHKバッシングの嵐が巻き起こったこともある。いくら内部の体質改善につとめても、国民から集めた受信料の全額が本当に有効活用されているかといえば、そうではないだろう。

それでも私は、NHKは受信料を徴収すべし、国民は払うべし、という立場である。少なからず無駄になるとわかっていても、国営の放送局に資金を与えなければ、後世に残るような素晴らしい映像作品は作られないと考えているからだ。

とくにサイエンス系、ネイチャー系の番組制作には莫大な資金、労力、時間がかかる。思えば「ブルー・プラネット」など、壮大なネイチャー系ドキュメンタリーを数多く世に送り出しているBBCも、イギリスの国営放送局だ。スポンサー重視、視聴率偏向の民放では限界があるのだ。

以上が私の意見なのだが、SNSのように拡散力が強い場で皆まで言ってしまうと、どこで受信料反対派の目に留まるかわからない。議論したところでかみ合わないことは目に見えているから、絡まれるだけ面倒だ。

だからごく簡略に、かつ端的にNHK制作の恐竜のドキュメンタリー番組が素晴らしくて感動してしまったということだけを述べた。

先ほど**「結論部分は伏せておいて、そう考える根拠だけを簡略に、かつ端的に述べる」**といったのは、こういうことだ。

この投稿の1段落目は、

「NHKはこんなに素晴らしい恐竜ドキュメンタリーを作っていて、私は、この番組だけで2カ月分の視聴料を払ってもいいと思った（感想に基づいた「根拠」）。NHKには受信料を支払うだけの価値があると思う（一般化した「結論」）」

なのだが、実際には根拠部分だけを書いたわけである。

結論までちゃんと述べないと届かないのでは、と思ったかもしれないが、じつはこういう書き方をしたほうが効果があることが多い。

成毛 眞

7月8日

この番組だけで２カ月分のＮＨＫ視聴料払ってもいいと思った。いやあ！面白い。羽毛が生えていた恐竜がいることは知っていたし、そもそも恐竜は鳥類の先祖であることも知っていた。しかし実際に超絶技巧で作られたスーパーＣＧで見ると印象がぜんぜん違う。ピンク恐竜のお母さんが死んだときには泣きそうになってしまったよ。

番組への感想の体で、「NHK視聴料は払ってしかるべし」という意見を忍び込ませた

もし6500万年前に巨大隕石が地球に落ちてこなければ。その結果として鳥類の祖先以外の恐竜類が絶滅しなければ。いまこの時間に、恐竜の子孫たちが「それでさあ、ＱＲコード決済ダメじゃね。バーカ」などと話していたに違いない。もちろん、その場合は我々人類は存在しないだろう。

要するに当時ネズミのような人類の祖先である哺乳類と、すでに現代のカラスに匹敵する知性をもつ恐竜類の競合だったのだ。その後6500万年をかけて進化したときに、哺乳類が恐竜類を知性で凌駕するという生物学的な優位性はない。ネズミがカラスに知性で敵うわけもないからだ。

ともあれだ、小中学生の親たちは、この番組

▼

▼

を一緒に見るべきかもしれない。6500万年と全地球レベルの時間と空間での仮説だ。その仮説を語りあうことは重要だ。ＳＦが多くの起業家を育てたように、いかに子供の視野をとてつもないレベルで広くできるかは知性ある親のつとめだ。空想的想像力こそがこれからの時代に必要な能力なのだ。

結論を強く明確に打ち出すほどに、読んでいる人は強く反発しやすい。

しかし、ただ簡略に、かつ端的に述べられた「根拠」は、まるでボクシングでいうボディブローのように読んでいる人の頭に効く。そして思わず「なるほど、たしかにそうだな」とうなずいてしまう。そんな力学が読む人に対して働くものなのである。

POINT

- 賛否両論あるテーマは扱い方によっては炎上の火種になる。
- 結論をわかりやすく述べるほど、読み手は拒否反応を示す。
- 持論ははっきりとは言わず、文中に忍び込ませる。

批判文はポジティブに〆ろ

SNSではポジティブな投稿を心がけるべきだが、時には自分の意見として何かを批判したくなることもあるだろう。

特定の個人や人種などを貶めるのはもちろんダメだ。そういうヘイト的なものでない限りは、たまにピリッとした批判があってもいい。

だが、それにもコツがある。ネガティブな文章をネガティブなまま終わらせると、読んだ人の読後感もネガティブになる。そのときのネガティブな印象が、そのままあなた自身に対する印象になってはたまらない。

これを避けるのは簡単だ。**何かについて批判したり苦言を呈したりするときでも、必ず何かしらポジティブな話を入れればいい**のである。

たとえば、あることを批判したら、それを改善するポジティブな提案を入れる。

投稿の最後に、自分に「テヘペロ的なツッコミ」を入れたり、ちょっとしたジョーク

を書くなど、少しおちゃらけて見せて「w」で締めくくるのもいいだろう。

とにかく、「こういうのはよくないと思う、以上」「こういうのはやめたほうがいいと思う、以上」などと言いっぱなしでは終わらないようにするのである。


具体例を見れば、何となくイメージをつかめるはずだ。

172ページからの例文は82ページでも挙げたものだが、この投稿で私は「スーツにワイシャツ、ノーネクタイは時代遅れでしょぼい感じがするから、やめたほうがいい」と主張している。20年前のファッショントレンドを、いまだに引きずっている人たちに苦言を呈しているのだ。

しかし、それだけで終えてしまうと、その人たちを一方的に揶揄した格好になってしまう。だから途中で、「『スーツに白Tシャツ』を想定した高級白Tシャツ」の製造アイデアを提示した。

読んでいる人に批判に同調してもらうだけでなく、「ははあ、なるほどね」と思ってもらうためだ。何よりこうしたほうが、書いている自分も気持ちいい。

そもそも私は、何でもかんでも「批判ばかりしている人」を好まない。「何々が気に入らない」ということなら誰でも言える。批判をするなら、自分なりに「では、どうしたらいいのか」まで示してほしいと思ってしまうのだ。

自分が何かを批判するときにも、必ず建設的なことを言おうとつとめている。そのスタンスがＳＮＳでも貫かれているわけだが、フォロワーからの信頼を保つためにも重要なことだと考えているのだ。

効能はそれだけではない。

何かしらポジティブな要素を入れるとなると、ただ批判するよりも頭を使わなくてはいけない。これをクセにすると頭が柔らかくなり、いろいろと面白いことを思いつける人になっていけるだろう。

成毛 眞

7月10日

この半年、スーツ姿の男どもを見ることが激減した。それゆえか、スーツ＋ワイシャツなのにノーネクタイの人に違和感を覚えてしまう。

チノパンにワイシャツならともかく、そろそろ人前では上下揃いのスーツにノーネクタイはやめたほうがいいかもしれない。ただただ、だらしない、というか、いまとなっては10年前の西海岸的な、しょぼい感じがするのだ。スーツならネクタイ着用のほうが自然だ。

むしろどうしてもスーツを着たいなら、スーツに白Tシャツのほうが清潔感・軽快感があるように思う。ということで、ネック部分がきっちりと首にフィットする高級白Tシャツを売り出したら流行るかもしれない。もちろんVネックも。オレがユニクロのデザイナーだったら、4900円のビジネス用Tシャツを売り出してみたい。

前段が批判的なのでポジティブな要素を入れる

ともかくアパレル業界はいまこそ、新しいファッショントレンドを提案しないと壊滅する。後ろ向きで現実対応のマスク製造だけではヤバイ。

ネガティブな内容になったときに、意地でも提案や笑いを入れようと頭をひねることが、いずれ仕事などにも生きてくる思考訓練となるのである。

POINT

- ネガティブな表現で文章を〆ると、読後感もネガティブになる。
- 批判したら、改善へ向けた提案を入れる。
- ポジティブな表現を都度考える習慣をつけると、面白い文章を書ける。

思いつきで書くほど共感される

文章は一文一文悩みながら書くものではない。

とくに**何かをおすすめしたいときは、気のおもむくままに書いたほうが読む人の心にストレートに届く文章になる。**

説明は必要ない。ここで書いておきたいのは「レビュー」ではなく「レコメンド」である。

レビューならば詳細な説明が必須だが、レコメンドで問われるのは「自分自身がどう感じたか」だ。その点にこそ読む人は心動かされ、「買う」といった実際の行動に移すのである。

いってみれば、書き手がレコメンドしたものに触れる楽しみや面白みとは、読む人にとってはあらかじめ説明されるようなものではなく、みずから体験して発見するものなのである。

そこで変に説明しようとすると、書き手は「どう説明しようか」と考えなくてはならない。考えると筆がつっかえる。書き手がつっかえると、読む人もつっかえる。

要するに、どこか不自然な引っ掛かりのある文章になり、読んでいる人はおすすめを素直に受け止められなくなってしまうのだ。

ここでは2例ほど挙げておこう。

1つめは私の投稿だ。ある知人の著書をすすめているが、その人がどういう背景を持つ人物か、いかに私が知り合ったか、どれほど興味深い人であるか、といった話に終始しており、肝心の本の内容についてはほとんど説明していない。

私としては、ぜひ自分のフォロワーにも本書を読んでほしくて書いている。あなたも、投稿で何かをすすめるときには、「自分が感動したのと同じ体験をしてほしい」と思っているはずだ。

内容をチラ見せして、読む人の興味をかきたてるというのは常套手段だが、それだけに見飽きた感もある。

そこで私がやったように、**内容にはほとんど触れずに「こんなに面白い人が書いた本（こんなに面白い背景があるもの）」とアピールすると、ひと味違ったレコメンドになる。**しかも、より効果的だ。人は意外とバックグラウンド・ストーリーに心惹《ひ》かれるものだからだ。

その本の面白さは読めばわかるのだから、下手に内容を明かせば、その面白みを発見する楽しみをフォロワーから奪うことにもなりかねない。

成毛 眞
7月31日

著者はボクがこれまでにお目にかかった経営者のなかで3本指に入る無茶な人だ。ある意味でビル・ゲイツや孫さんを超える。戦国時代から続く伊勢の超老舗当主が約束されていた人だ。創業は天正3年。この年、伊勢から直線距離で50km 北東では織田信長と徳川家康が武田勝頼と戦っていた。長篠の戦いである。

あえて本の内容についてはほとんど触れず、著者のバックグラウンドや魅力をメインで語ることでアピール力を強化

東北大学では血尿がでるまで空手に打込み、社会人になってからは盛大な失敗つづき、やがてクラフトビールを作り始め、世界の賞を総なめにし、審査員としても世界中を飛び回るようになる。さらに酵母を突き詰めようと中年になってから博士号を取り、世界でも稀な超研究開発型クラフトビール会社を完成させた。いまこの会社には博士号や修士号をもつ若い社員が多数働いている。ついに可能性の塊のような会社を作り上げたのだ。

彼とは週刊新潮の取材で初めてお目にかかった。伊勢で一番古い老舗屋さんを取材しにいったつもりだった。お目にかかって即座にピンときた。只者ではない。まちがいなくオレを超える ADHD だ。その素質と選んだ事

▼

業がかみ合えばなにかの覇者になるであろうと。

あまりに面白い人なので、半年ほど前にホリエモンに紹介した。多動性のホリエモンは即座に伊勢に飛んだ。後日、ホリエモンは鈴木さんほど科学的で技術にも明るい醸造家を知らないと報告してきた。彼が本気になると日本酒にも革命を起こせるだろうと。

本書は彼がなにかの覇者になる途中経過の本である。20年後彼が何をやっているかいまから楽しみだ。

ともあれ本書はボクの旅友達でHONZメンバーの新潮社足立真穂が編集を担当した。同じくボクの飲み友達でHONZメンバーのメルヘン栗下直也がライティングを手伝っている。企画段階ではボクも手伝った。総力戦で作った本だ。是非お読みいただきたい。損はないことを保証します！

あるいは背景すらも語らず、ひたすら自分の感動を書きつづるというのもいいだろう。

2つめ、180ページからの例は私の知人の投稿だ。ある映画をすすめているが、映画の概要はおろか背景にも一切触れていない。ただただ、この映画を見た衝撃と読んでいる人にも観てほしいという思いが炸裂《さくれつ》しているのだ。

複数の人からすすめられて興味を持った様子を、「ふーん」ではなく「ほーん」と表現しているのも絶妙だ。当時の自分を振り返って素直に書いたら、こうなったのだろう。

その映画を観た衝撃を「！！！！！」と表現しているあたりは、もはや言語化すらできていないわけだが、レコメンドの場合はこういう表現もありなのである。

投稿者も書いているように、この映画は事前に何も情報を入れずに見たほうが楽しめるのだろう。

だから内容については一切触れたくないが、ぜひとも多くの人に見てほしい。さてどう紹介しようか……と逡巡《しゅんじゅん》したかどうかは知らないが、ともあれ投稿者はひたすら自分の感情をつづることを選んだ。結果として面白いレコメンドになっている。

福島結実子

「この映画、なんかすごくオススメらしいよ」とだけ人づてに聞いたかと思ったら、あっという間にあちこちで評判を聞くようになり、ほーん、そうなの？　ならば観ておかねばな〜、なんて行ってきたのが昨日。そして最初に出た感想は――。

いろいろ含みながらも純粋な「！！！！！！！」。ブックライターらしからぬ言葉を使わせてもらえば、これマジやばいっす、という感じ。

とにかく観て！　としか言えない。こういう映画ですという説明ができないし、したくない。観た者同士だとすごく語りたくなる（たぶん）。何様発言にも聞こえるかもしれないけど、ホントに何も情報入れずに観てほしい。そのほうが絶対100倍楽しめる……っていうかよくなるっていうか、ていうか、ていうか、うーん……！！だから！


自分の感想を言語化すらできていないが、その映画を観た衝撃はよく伝わってくる何かをすすめたいとき、**余計な説明は、むしろ読んでいる人の感情の動きを妨げる**と心得ておいたほうがいい。文章が粗いところはのちの推敲段階で直すとして、とにかく気の向くままに書いてみることである。

POINT

- **考えながら書くほど、文章はつまらなくなる。**
- **読み手の共感が得られるのは、思いつくままに書いたレコメンド。**
- **何かをすすめたいとき、説明は読み手の感情の動きを妨げる。**

第6章

人を動かし、買わせる書き方

エッセイの極意は「起承転結・転」

面白い文章には「遊び」がある。

教科書どおりに考えれば、文章構成の基礎は「起承転結」だ。これはもともと漢詩のフォーマットなのだが、それを文章にも適用しようということである。

まずテーマを明らかにし、次に説明し、さらに展開し、最後に結論を述べる。たしかにこれで、きれいにまとまった文章にはなるだろう。文章としては上出来といっていいが、しかしいまいち面白みに欠けるのも事実だ。

前にも述べたように、SNSでの発信は論文でも記事でもなくエッセイだ。そして「起承転結」という教科書どおりの構成に従わなくてもいいというのも、エッセイ特有の自由さである。教科書の枠から外れて思うまま「遊ぶ」ことこそ、エッセイの極意なのだ。

単に「遊べ」といわれても難しいだろうから、1つ考え方を示しておこう。

エッセイは「起承転結・転」と考えるといい。

成毛 眞
5月6日

ブックカバー7点目。『ビジュアルディクショナリー　英和大辞典』5500円。

2012年発行だが、この辞典はいまでも絶対のおススメである。英語を使わなければならない人は買って損はしないことを保証する。

日本人が英会話を苦手とする理由は
1.　自分の発音が恥ずかしい
2.　相手の話が聞けない
3.　日常語彙数が絶対的に少ない
の3点だ。

1は気の持ちようでどうにでもなる！
2はNetflixでも見ろ！
3は本で勉強しなければどうしようもない。

まわりを見渡してみよう。観葉植物、消毒剤、電子レンジ、おたま、扇風機、目薬なんてのがあるかもしれない。正確にそのモノの英単語が即座に出てくるだろうか。即座に出ないと、そこで会話はプッツリ止まるのだ。ね、経験あるでしょ。

しかしどうやって学ぶのか。そこでこの事典

▼

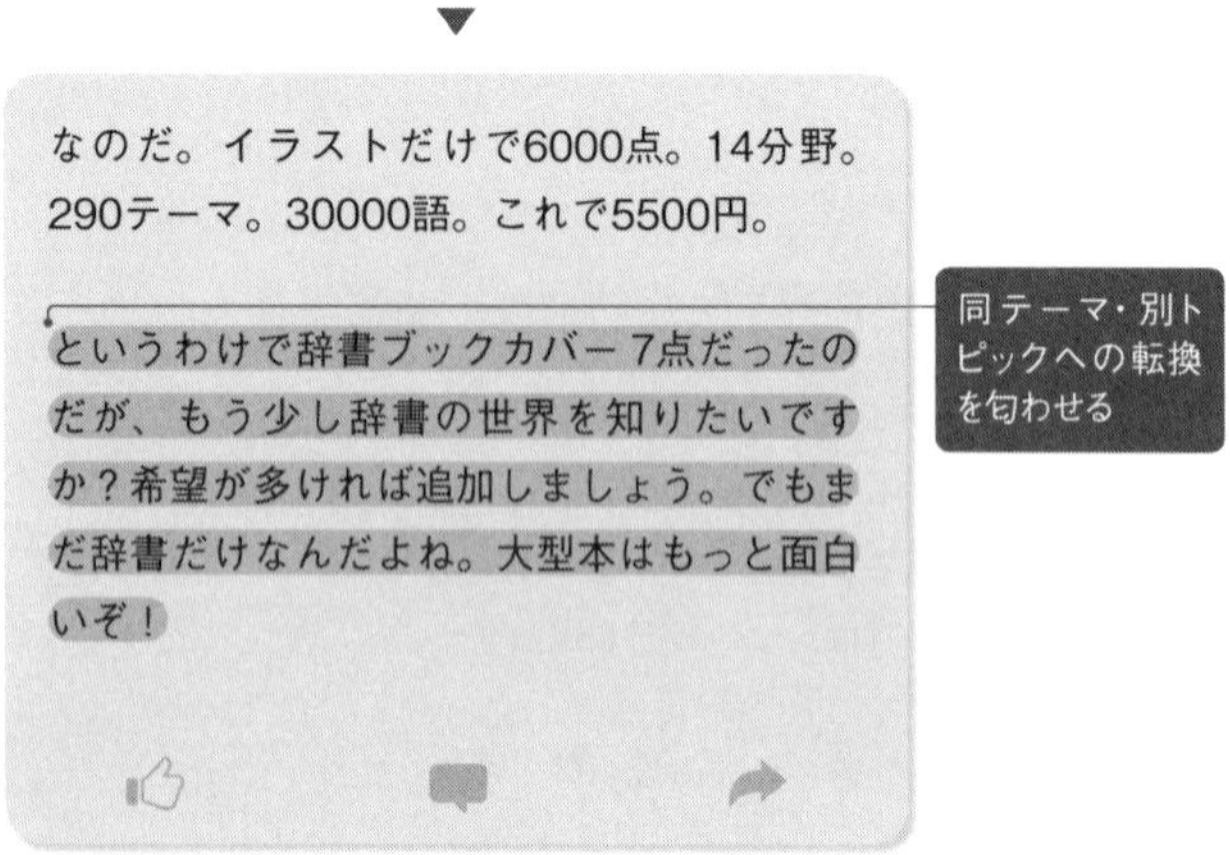
なのだ。イラストだけで6000点。14分野。290テーマ。30000語。これで5500円。

というわけで辞書ブックカバー7点だったのだが、もう少し辞書の世界を知りたいですか？希望が多ければ追加しましょう。でもまだ辞書だけなんだよね。大型本はもっと面白いぞ！

まずテーマを明らかにし、次に説明し、さらに展開し、最後に結論を述べた――かと思いきや、もうひと展開して終わる。

最後の「転」では、たとえば投稿の内容と同じテーマの別トピックへの転換を匂わせる。これは、まったく無関係な話となると意味がない。あくまでも起承転結で話してきたことに紐《ひも》づく範囲内で、トピックだけ飛躍させるのだ。

あるいは結論に対する自分ツッコミやボヤキなど、ちょっとしたことでもいい。

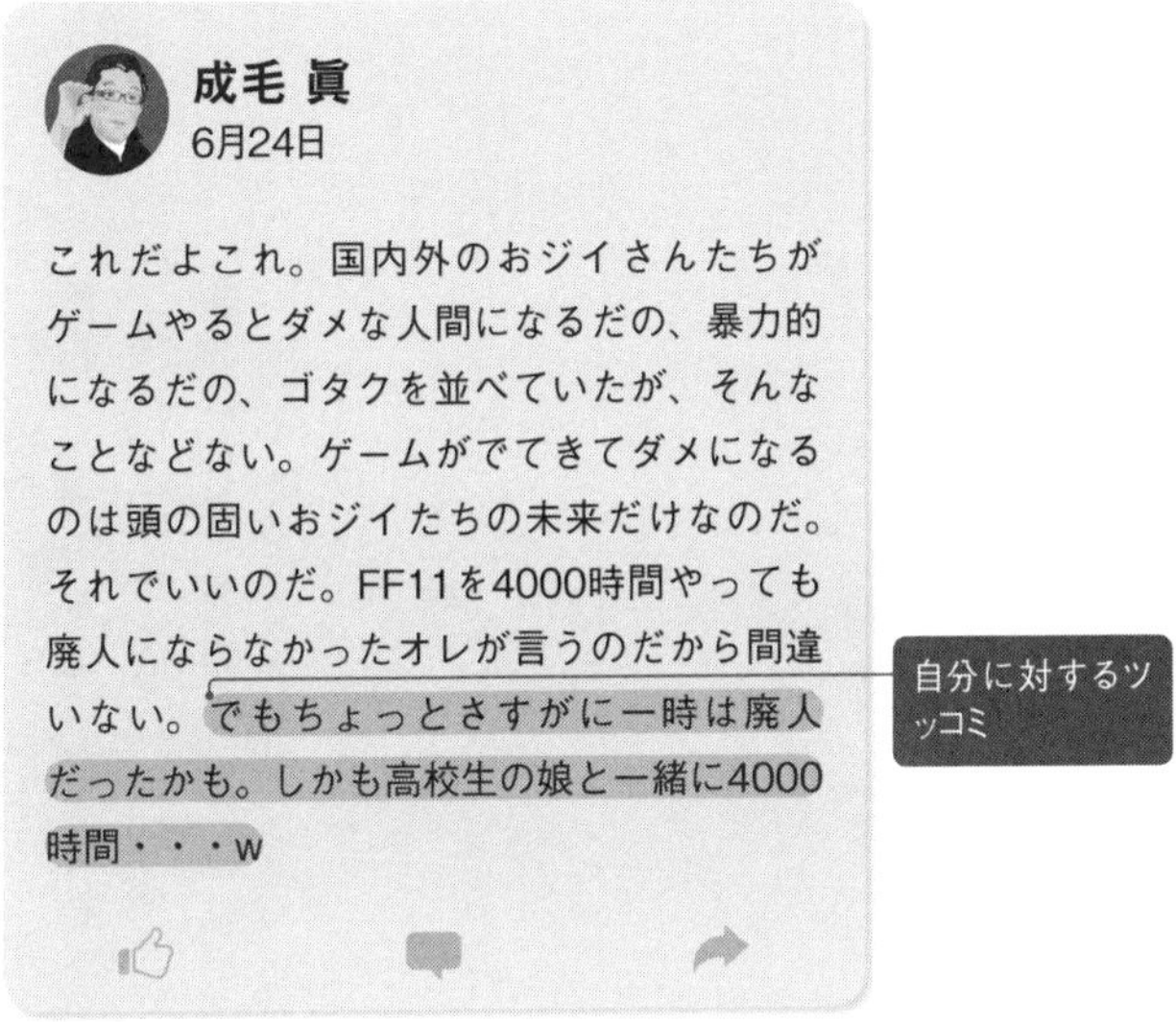
成毛 眞
6月24日
これだよこれ。国内外のおジイさんたちがゲームやるとダメな人間になるだの、暴力的になるだの、ゴタクを並べていたが、そんなことなどない。ゲームがでてきてダメになるのは頭の固いおジイたちの未来だけなのだ。それでいいのだ。FF11を4000時間やっても廃人にならなかったオレが言うのだから間違いない。でもちょっとさすがに一時は廃人だったかも。しかも高校生の娘と一緒に4000時間・・・w
自分に対するツッコミ

それだけで遊び心を感じさせる面白い投稿になる。

何でもそうだが、優等生的なものは文句を言われることもなければ、ものすごく好かれることもない。文章も同じで、**整いすぎている文章にケチをつける人はいないだろうが、整いすぎているだけに人の印象に残りにくく、「いいね！」などのリアクションにもつながりにくい**のだ。つまらないからである。

POINT

- 面白いエッセイは「起承転結・転」で構成されている。
- 「転」は、別テーマへの転換、自分に対するツッコミなどの手がある。
- 非の打ちどころのない文章はバズらない。

書く目的を決めろ——宣伝か、日記か？

すべての文章には目的があってしかるべきである。

何のために書くのか。人を動かしたいのか、それとも自分の感情や意見を伝えたいのか。宣伝なのか、日記なのか。誰に向けて書いているのか。

その都度何でもいいのだが、まず**自分のなかで明確に目的を定め、なおかつ読む人にもしっかり伝わるように書かなくてはいけない**。

伝わるように書かなくては共感を呼ばず、共感を呼ばなければ「いいね！」数もシェア数も伸びない。つまりバズらないのである。バズる文章でなくては、人を動かしたいときにも、ほとんど影響を及ぼすことができない。

193ページの投稿は、ある知人のものだ。

言葉の使い方や文法などに誤りは見られず、文章としては悪くはない。

もっと伝わりやすくするためには、たとえば冒頭の「大好きな」の前に「いかに好きなのか」を添えるなど細々と修正すべき点はある。

しかし何よりも問題なのは、投稿全体を通じて、肝心の目的が定まっていないように見受けられることだ。

1つの投稿のなかで宣伝と日記が共存するのはかまわない。ただ、この投稿では「ここは日記」「ここは宣伝」「ここでは誰に向けて書いている」という区分けがされていない。結果として、読む人の共感を呼びにくい投稿になってしまっているのである。

具体的に見ていこう。

最初の段落では、よく通っている馴染みのレストランが通販事業を始めたとの一報を受けた喜びが表現されている。個人的な感情がつづられているので、日記的な段落だ。

とはいえ投稿者は、おそらく自分の大好きな店の新規事業の売り上げに貢献したい思いで書いているのだろう。つまりこの投稿の目的は「宣伝」であり、語りかけている相手は「不特定多数の読者」だ。

となると、1段落目は日記としても、その次くらいにははっきりとした宣伝文句が欲しいところだ。いったいどんなラインナップなのか。どういう理由でおすすめなのか。これを素直な感情表現を通じて宣伝するというのは、魅力的な投稿にするための一手段だ。

しかしここで1つ気になるのは、第1段落中盤の丸カッコ内の文章だ。

これはいったい誰に向けて言っているのか。

どうやら「いつもいろいろなことを構想しているシェフ」への個人的な賛辞のようだ。もっといえば「ごめん」というのも、シェフに対してクラウドファンディングの告知が遅くなったことを謝罪しているのだろう。

つまり、この丸カッコ内の一文によって、投稿者が語りかけている相手が瞬間的に切り替わっているのだ。これでは読み手は混乱する。また、宣伝のなかに賛辞も謝罪も埋没しているため、当のシェフには書き手の真意が伝わりにくい。

結果的に読んでいる人に対してもシェフに対しても、不親切な書き方になっているのである。

私が投稿者だったら、推敲時に丸カッコ内は削除するだろう。

どうしても個人的に賛辞を送りたいのなら、「藤原シェフへ」といった書き出しの段落を別に設ける。賛辞の内容も、丸カッコ内のようなあっさりした一文ではなく、もっと丁寧に書く。ちゃんと伝わるようにするためだ。

1段落目は、導入として日記を書く。

2段落目は、不特定多数の読者に向けて宣伝を書く。

そして3段落目は、少し趣向を変えてシェフに向けて書く。

すると、不特定多数の読者に対しては日記部分がフックとなり、すんなりと宣伝部分も読んでもらえる。シェフに対しては、「こんなふうに宣伝しました」と見せた末に、惜しみない賛辞を伝えることができる。いい流れになるのではないだろうか。

添削例

推敲前

福島結実子
5月5日

大好きなビストロ、シェ・フジハラのお取り寄せサイト完成との一報がー！　これは、、、買う！目移りしちゃう。思えばこのコロナ禍突入以来、あれやこれやと新しいことを構想する藤原シェフの思考と行動は脱帽もの……と思いきや、通販事業については、なんとオープン当初から視野に入れていたそう（さらに思えば、いろんな構想を練って実現しているのは今に始まったことではなかった。改めてすごいなー）。それがついにお目見えということで、うれしい限り。ご進物にもよさそうだな。

そうそう、シェアしようと思いつつ今になってしまいましたが（ごめん　）シェ・フジハラではクラウドファンディングも実施しています。5月末まで！　藤原シェフ著のレシピ本から自家製シャリキュトリ詰め合わせ、フルコースのお食事券などなど、豪華なリターンがたくさん。合わせてぜひ！

第1段落だけだと日記の域を出ておらず、販促になっていない

急に店主を意識した一文になっている

急に店主を意識した文章になっている

推敲後

福島結実子

5月5日

月イチは通っているほど大好きなビストロ、シェ・フジハラのお取り寄せサイト完成との一報がー！　これは、、、買う！ 目移りしちゃう。思えばこのコロナ禍突入以来、あれやこれやと新しいことを構想する藤原シェフの思考と行動は脱帽もの……と思いきや、通販事業については、なんとオープン当初から視野に入れていたそう~~（さらに思えば、いろんな構想を練って実現しているのは今に始まったことではなかった。改めてすごいなー）~~。それがついにお目見えということで、うれしい限り。ご進物にもよさそうだな。
鴨のコンフィにシャリキュトリ、魚介のスープなどなど、お店で実際に食べておいしかったものもたくさん。ぜんぶ正真正銘、素材からこだわった手作りです。ほんとおすすめ！

そうそう、シェアしようと思いつつ今になってしまいましたが~~（ごめん）~~、シェ・フジハラではクラウドファンディングも実施しています。5月末まで！ 藤原シェフ著のレシピ本から自家製シャリキュトリ詰め合わせ、フルコースのお食事券などなど、豪華なリターンがたくさん。合わせてぜひ！

どれくらい好きなのかを補足

誰に向けて言っているのかわかりにくいので削除

読者へおすすめポイントを示す

誰に向けて言っているのかわかりにくいので削除

▼

▼

藤原シェフ、思い返せば、いろんな構想を練って実現しているのは今に始まったことではありませんでしたね。改めてすごいなあと思っています！

クラウドファンディングの件、シェアするするといいつつ、遅くなってしまってごめんなさい！

シェフのお料理は、私にとってまさに生活の彩り。今は残念ながら控えなくてはいけないけれど、シェ・フジハラという場所がある、そのありがたみをひしひしと感じています。

緊急事態宣言が解除されたら、さっそく食べに行きますね。おいしいお料理、楽しみにしています！


店主に対する賛辞と謝罪を別の段落に分けて書く

このように**目的（語りかける相手）ごとに段落を分ける**だけで、はるかに伝わりやすく、実際に人を動かす投稿になるのだ。

POINT

- **文章は「何を伝えたいのか」、目的をはっきり示す必要がある。**
- **何を言いたいのかわからない投稿は心に響かないし、バズらない。**
- **人を動かす投稿の極意は、「伝えたいこと」ごとに段落を分けること。**

遠慮気味に書くと下手になる

SNSで発信するうえでは、読む人に対する配慮や気遣いが必要不可欠だ。

ただしそれは、「より伝わりやすくするため」「誰かを傷つけるような誤解を避けるため」に心を砕き、文章を練るという意味での配慮や気遣いである。読む人に対する遠慮や忖度《そんたく》によって、意図が伝わりにくくなってしまうのは本末転倒だ。

前項に引き続き、知人の投稿を見てみよう。

すでに第1段落の問題点は指摘したが、第2段落も修正したほうがいい。

誰に向けて書いているのかは、一応は明らかだ。読んでいる人に対してクラウドファンディングを呼びかけているのだろう。

ただし、この書き方からは「押しつけがましくしたくない」というような遠慮が感じられる。そのせいで、どうも伝えたいことのピントがぼやけてしまっているように見受けられる。

正直にいって「よし、クラウドファンディングに参加しよう！」という気になれない。私がひねくれているわけではなく、この文章にうながされて行動する読者は稀ではないか。

それに、妙に遠慮して中途半端な書き方をすると、読んでいる人はおのおの勝手に行間を読み始めるものである。すると投稿者の真意が歪曲され、思わぬ反感を呼ぶことにもなりかねない。

投稿の最後に「合わせてぜひ！」と書かれているが、これでは生ぬるい。クラウドファンディングに協力してほしいのなら、もっと率直に「シェ・フジハラにご一緒したみなさん、私からもお願いします。ぜひともご協力ください。シェアも大歓迎です！　そして状況が落ち着いたら、また一緒に行きましょう」などと書けばいいのだ。

何かを一緒にやってほしい。その思いのままに「一緒にやりましょう！」と強く呼びかけるのがもっとも効果的に決まっている。**協力を仰ぐには読者の心にストレートに訴える必要がある。そこに遠慮や忖度はいらない**のである。

こうした修正を加えていたら、この投稿の「いいね！」数やシェア数は、少なくとも倍になっていたはずだ。

ちなみに**何かを呼びかけるときは、当然だが、そう書くだけでなく自分も実際に行動したうえで投稿するべきだ。**

いまの例でいうと、投稿した時点ですでにクラウドファンディングに支援していてしかるべきである。

文面から、この投稿者はすでに支援したことがうかがわれるが、それに触れるかどうかは個々人の価値観による。「私も、ささやかながら協力しました」などと書いてもいいし、あくまでも「陰徳」としたいのなら触れなくていい。

添削例

福島結実子
5月5日

月イチは通っているほど大好きなシェ・フジハラのお取り寄せサイト完成との一報がー！ これは､､､買う！ 目移りしちゃう。思えばこのコロナ禍突入以来、あれやこれやと新しいことを構想する藤原シェフの思考と行動は脱帽もの……と思いきや、通販事業については、なんとオープン当初から視野に入れていたそう。それがついにお目見えということで、うれしい限り。ご進物にもよさそうだな。

そうそう、シェアしようと思いつつ今になってしまいましたが、シェ・フジハラではクラウドファンディングも実施しています。5月末まで！ 藤原シェフ著のレシピ本から、自家製シャリキュトリ詰め合わせや、フルコースのお食事券、などなど、豪華なリターンがたくさん。~~合わせてぜひ！~~
以前「シェ・フジハラにご一緒したみなさん、私からもお願いします。ぜひともご協力ください。シェアも大歓迎です！ そして状況が落ち着いたら、また一緒に行きましょう。

藤原シェフ、思い返せば、いろんな構想を

これだけでは読む人は協力しようという気にならないので削除

「呼びかけ」は忖度抜きで明確に

▼

▼

練って実現しているのは今に始まったことではありませんでしたね。改めてすごいなあと思っています！　クラウドファンディングの件、シェアするするといいつつ、遅くなってしまってごめんなさい！　シェフのお料理は、私にとってまさに生活の彩り。今は残念ながら控えなくてはいけないけれど、シェ・フジハラという場所がある、そのありがたみをひしひしと感じています。緊急事態宣言が解除されたら、さっそく行きますね。おいしいお料理、楽しみにしています！

重要なのは、「呼びかける以上は自分も行動する」という誠実さである。ただ情報を流しているだけなのか、自分もコミットしているのかは、そこはかとなく文面から伝わってくるものだ。書き手としての信頼を保つためにも大事なことなのである。

POINT

- **協力を仰ぐときは、間接的な書き方をしてはいけない。**
- **バズる文章を書く上で、読み手への遠慮や忖度はいらない。**
- **フォロワーへの呼びかけの前に、まずは自分から行動する。**

「言わずもがなの一文」が要

より伝わりやすい文章にするには、「伝えたいことの背景」にも丁寧に触れることだ。

前にも述べたように、文章は、まず一気に書き上げること。ただし勢いに任せて書いていると、つい「自分が伝えたいこと」にばかり意識が向きがちだ。その過程で、つい「伝えたいことの背景」に関しては説明がおざなりになってしまうのである。

長々と説明する必要はない。ただ**「誰もが知っていることだろうが、念のため」というくらいの意識でひと言補足する。**それだけでも、読んでいる人との間に共通認識を生み出し、「何を言いたいのか」も格段に伝わりやすくなるのである。

204ページからの投稿は、「新型コロナウイルスの影響で、各地で北海道物産展が中止に追い込まれていること」が背景となっている。

ならば、その背景にはきちんと触れたほうがいい。

添削例

推敲前

小倉 碧
5月20日

北海道ではいま物産展が中止になり、商品が余ってとても大変とのこと。
こちらのリンク先の札幌商工会議所のＨＰでは、
美味しそうな北海道の名産品が、今お得です。
ぜひぜひ皆さまご高覧、拡散のお力添えをお願いします。
こちらから、私も名産品、ネット通販で購入しました！

背景に触れられていないため、読み手は意図をくみ取れない

推敲後

小倉 碧
5月20日

新型コロナウイルスの影響で、各地で開催されるはずだった北海道物産展が中止になり、北海道ではいま、商品が余ってとても大変とのこと。

こちらのリンク先の札幌商工会議所のＨＰでは、
美味しそうな北海道の名産品が、今お得です。

ぜひぜひ皆さまご高覧、拡散のお力添えをお願いします。

こちらから、私も名産品、ネット通販で購入しました！

背景を補足してわかりやすく

この投稿はいきなり「北海道ではいま物産展が中止になり」と始まっているが、私は少し唐突すぎる印象を抱いた。

投稿されたのは2020年5月20日である。この時日本は緊急事態宣言下だったので、ここに書かれている「いま」は「新型コロナウイルスの感染拡大が世間で恐れられているいま」であることはわかる。この一文だけでも、当時読んだ人は何が背景になっているのかをくみ取り、投稿者の意図も察することができるだろう。

しかし、**たとえ一瞬でも、読んでいる人に「くみ取る」「察する」といった労力をかけるのは得策ではない**。たとえ、「そんなことは言われなくてもわかってる」と言われそうであったとしても背景を伝えるひと言を添えたほうがいいのだ。

「新型コロナウイルスの影響で、各地で開催されるはずだった北海道物産展が中止になり、北海道ではいま、商品が余ってとても大変とのこと」

たとえばこのようにすることで、読んでいる人は「ああ、新型コロナにはそんな影響もあるのだな」と認識したうえで先を読むことになる。つまり先ほどの例と同様、より読者の行動をうながしやすくなるのだ。

POINT

- 「伝えたいことの背景」に触れると、伝わりやすい文章が書ける。
- 書き手と読み手の認識が同じになる文章を書くことが重要。
- あえて、「言わずもがな」の一文を書き加える。

買わせる最後のひと押し

レコメンドでは、「最後のひと押し」で読者を行動へと導くのも効果的だ。いままで話してきたように、すすめるもののバックグラウンドを語る。自分がいかに感動したかで押し切る。さらに、読む人にはどんなふうに体験してほしいかをつけ加える。

いずれもうまく書ければ、読む人の心に響く。しかし**時には、「最後のひと押し」を加えたほうがいい場合もある**のだ。

次ページの投稿などは、まさにそのケースである。

これは歴史上の人物の顔をCGで笑顔に変えた動画を紹介するものだ。

紙面の都合上、元々の投稿にあった坂本竜馬のサムネイルは割愛するが、坂本龍馬の笑顔が一際目をひいていた。

推敲前

成毛 眞
1月7日

絶対に竜馬はこうだったんだろうなあ。これで土佐弁で肩ポンでお龍さんで。ともかく力作！！そりゃ男ぼれするわな。

やっぱ人間は笑えてなんぼ！ともかくこの作品は力作！！

これだけでも魅力的だから、長ったらしいレコメンド文はいらない。しかし坂本龍馬の笑顔が輝きすぎていて、多くの人はこれを見ただけで満足してしまうのではないかと思った。

紹介したのは「幕末編」の動画である。坂本龍馬以外にも、龍馬の妻のお龍《りょう》さん、西郷隆盛、大久保利通、島津斉彬《なりあきら》、井伊直弼《なおすけ》、勝海舟、ペリー、ハリス、天《てん》璋院《しょういん》、ジョン万次郎、河井継之助《つぐのすけ》、吉田松陰、近藤勇をはじめとした新撰組の面々、岩崎弥太郎、福沢諭吉……。

倒幕派も佐幕派も男女も入り交じった幕末偉人のオンパレードなのだ。

最後まで見てもらえなくては紹介した

推敲後

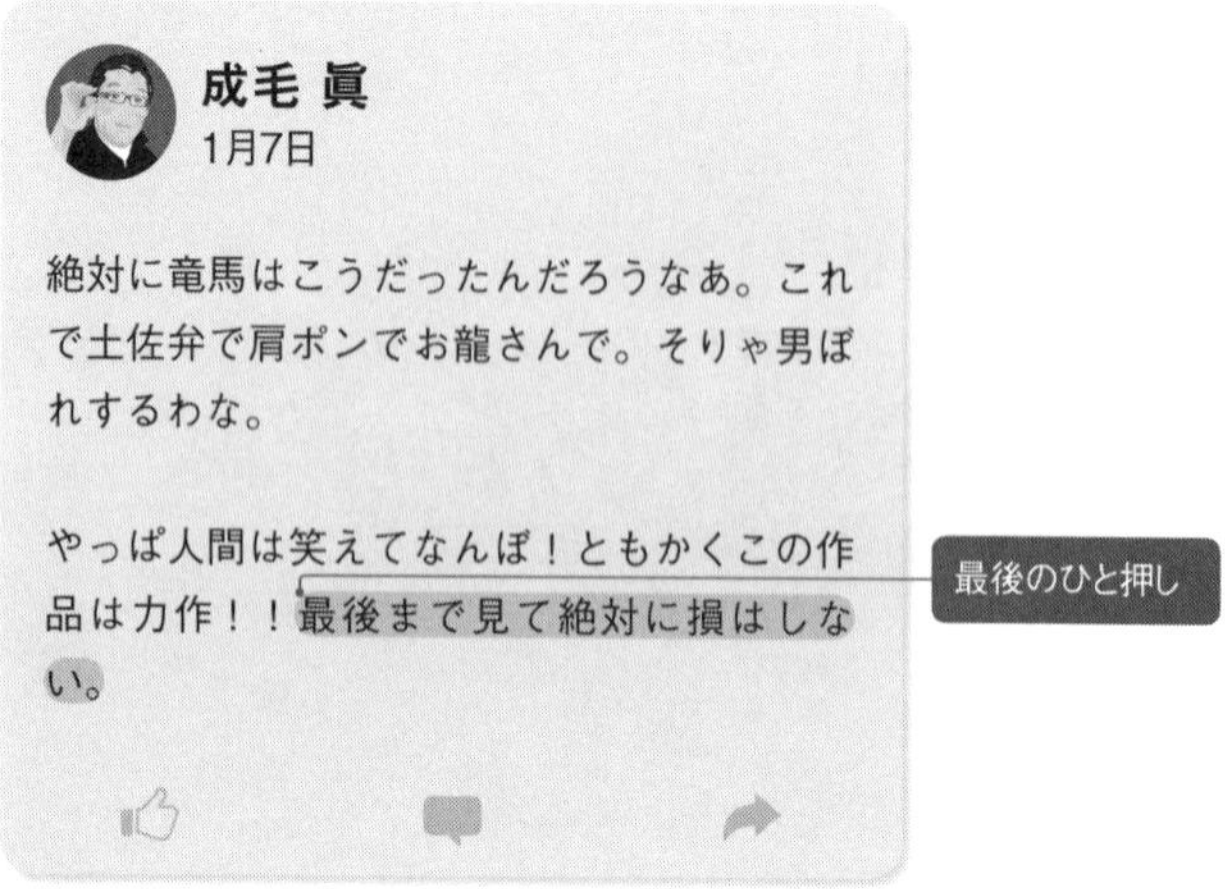
成毛 眞
1月7日
絶対に竜馬はこうだったんだろうなあ。これで土佐弁で肩ポンでお龍さんで。そりゃ男ぼれするわな。
やっぱ人間は笑えてなんぼ！ともかくこの作品は力作！！最後まで見て絶対に損はしない。
最後のひと押し

甲斐がない。だから最後のひと押しとして、「最後まで見て絶対に損はしない」とつけ加えたのである。

いままでにも繰り返し述べてきたことだが、SNSでは次から次へといろんな人の投稿が流れてくる。

そのなかで、シェアされている記事を実際にクリックして読んだり、すすめられた商品のサイトに飛んだりするのは意外とハードルが高い。投稿をさっと流し読みしただけでスクロールしてしまうことも多い。

みなさんも自分自身を振り返ってみると、そうだろう。

そしてよほどのことがなければ、誰かの投稿を過去にさかのぼってまで読んだりしない。読み流されたら最後、おそらく二度と同じ投稿を読んでもらえることはないのだ。だから読む人の**タイムラインに流れてきたときに、自分のおすすめに確実に反応してもらえる確率を高めるよう、「最後のひと押し」をする**のである。一瞬で読み終わるような短いレコメンド文のときは、とくにこれが効果的だ。

POINT

- **読み手の目に留まるには「気になる」書き方が肝要。**
- **レコメンドをポチらせるにはコツがいる。**
- **短い投稿では「最後のひと押し」が効く。**

著者略歴

成毛 眞（なるけ・まこと）

1955年、北海道生まれ。中央大学商学部卒業後、自動車部品メーカー、アスキーなどを経て、1986年日本マイクロソフト設立と同時に参画。1991年、同社代表取締役社長に就任。2000年退社後、投資コンサルティング会社インスパイア設立。2010年、おすすめ本を紹介する書評サイト「HONZ」を開設、代表を務める。

SB新書　531

バズる書《か》き方《かた》

書《か》く力《ちから》が、人《ひと》もお金《かね》も引《ひ》き寄《よ》せる

2021年1月15日　初版第1刷発行

著　　者　成《なる》毛《け》 眞《まこと》

発行者　小川 淳

発行所　SBクリエイティブ株式会社
〒106-0032　東京都港区六本木2-4-5
電話：03-5549-1201（営業部）

装　　幀　長坂勇司（nagasaka design）
イラスト　南 暁子
本文デザイン　荒井雅美（トモエキコウ）
写真提供　Graphs ／ PIXTA
D　T　P　間野 成（間野デザイン）
編集協力　福島結実子
編　　集　小倉 碧（SBクリエイティブ）
印刷・製本　大日本印刷株式会社

本書をお読みになったご意見・ご感想を下記URL、
または左記QRコードよりお寄せください。

https://isbn2.sbcr.jp/06374/

落丁本、乱丁本は小社営業部にてお取り替えいたします。定価はカバーに記載されております。本書の内容に関するご質問等は、小社学芸書籍編集部まで必ず書面にてご連絡いただきますようお願いいたします。

ISBN 978-4-8156-0637-4

SB新書

年を重ねるほど輝きを増す後半生の7か条
賢く歳をかさねる人間の品格
坂東眞理子

その常識が子どもをダメにする！
スタンフォードが中高生に教えていること
星 友啓

日本一壮絶な宇宙への夢をかけた挑戦！
宇宙飛行士選抜試験
内山 崇

予測不可能な時代の学校選びとは
学校の大問題
石川一郎

コロナでテクノロジーの進化は10年早まった
2025年を制覇する破壊的企業
山本康正

SB新書

アフターコロナの世界情勢を占う！
テレビが伝えない国際ニュースの真相
茂木 誠

日本人誕生の謎をさぐる
［新装版］アフリカで誕生した人類が日本人になるまで
溝口優司

あなたは、ひとりで何歳まで頑張れますか？
ひとりで老いるということ
松原惇子

お子さんの担任の先生は、大丈夫ですか？
いい教師の条件
諸富祥彦

あなたはあなたのままでいい
他人の期待に応えない
清水 研